当整理师来敲门

你的第一本搬家整理书

留存道生活方式研究院　组织编写
一米　巫小敏　主　　编
卞栎淳　副 主 编

中国三峡出版传媒
中国三峡出版社

图书在版编目（CIP）数据

当整理师来敲门：你的第一本搬家整理书 / 一米，巫小敏主编；卞栎淳副主编；留存道生活方式研究院组织编写. —北京：中国三峡出版社，2023.5

ISBN 978-7-5206-0265-5

Ⅰ．①当…　Ⅱ．①一…　②巫…　③卞…　④留…　Ⅲ．①家庭生活—基本知识　Ⅳ．① TS976.3

中国国家版本馆 CIP 数据核字（2023）第 013567 号

责任编辑：于军琴

中国三峡出版社出版发行
（北京市通州区新华北街 156 号　101100）
电话：（010）57082645　57082577
http://media. ctg. com. cn

北京世纪恒宇印刷有限公司印刷　　新华书店经销
2023 年 5 月第 1 版　2023 年 5 月第 1 次印刷
开本：710 毫米 ×1000 毫米　1/16　印张：13.5
字数：229 千字
ISBN 978-7-5206-0265-5　定价：69.80 元

前　言

搬家是一门学问

万家灯火中，我们总是在寻找那一盏为自己点亮的灯，寻找能让我们内心平静的地方，那就是家……

每个人多多少少都会经历搬家。有的人从老家搬到大城市，有的人从大城市搬回老家，有的人从操持半生的家中搬离，有的人搬进了自己打造的温馨的家……每个人搬家时的心境不同，或忧伤或欢喜。

搬家承载着人、事、物的记忆，在一个地方居住得越久，家里的物品就越多，羁绊也越多。

还记得上次搬家是什么时候吗？带走了什么，又丢弃了什么？在物品选择、搬运过程和新家规划时是什么样的场景？

如果没有对搬家进行系统规划，通常会出现如下问题。

1.“蚂蚁搬家”，持久战：今天搬一箱，明天搬一箱；客厅里拎两袋，卧室里拎两袋。零星时间＋零碎物品＋凌乱思绪＝新家变旧家。空闲的客房堆满了一箱箱从旧家搬过来的物品，但是没有时间整理，导致半年过去了，纸箱还没拆完；新衣柜非常精致，但衣服在里面还是乱七八糟的；客厅柜装了高级感十足的玻璃柜门，但里面摆满了五颜六色的瓶瓶罐罐，导致美感全无。

2. 快手打包，简易懒散：没有规划，也没有进行物品分类，将整个抽屉里的物品全部装在一个袋子里，脏的、破的、不要的物品也一股脑儿地塞进去。袋子和纸箱没有分类，有什么用什么，看到什么装什么，将它们搬到新家后发现家具大小不合适，调料撒得到处都是，东西碎了一地。更尴尬的是，人住进来了，东西没收拾好，床没铺好，洗漱用品也找不到。

上面所说的这些问题可以通过以下方法解决。

1. 提前规划。

搬家物料：不用的物品可以使用准备丢弃的打包箱或者打包袋装，易碎易化的物品需要使用专用材料装。

搬家公司：提前选择可靠的搬家公司，问清楚搬家公司的搬运流程等信息。

空间及成员变化：考虑两所房屋的面积、户型、格局的变化，如果有成员变动也需要考虑进去。

2. 注重方法。

物品分类：打包时，物品分类要清晰，尽量要求每个人打包自己的物品并进行适当取舍。

物品分装：分装时，注意特殊物品的保护，并在纸箱外贴上标签，标明新家所属位置等信息。

物品归位：每种物品的收纳都有小窍门，掌握这些小窍门，可以让物品归位更高效。

3. 寻求帮手。

不要让庞大的搬家工程成为持久战，家庭成员应该一起合作，切忌一个人大包大揽。

搬家是对生活的梳理，也是对物品的梳理，我们要面对的不仅是把物品从 A 地搬到 B 地，更是城市、房型、家庭成员的变化，甚至是生活方式的变化。

搬家的过程中会出现很多困难，但是所有的困难都可以找到解决方法。

本书由经验丰富的整理师编写而成，通过搬家整理规划、旧家物品打包与搬运、新家规划和物品整理、跨城搬家整理等内容，将搬家的方法告诉大家。本书不仅可供整理从业者参考，也适用于非专业人士阅读。书中的一个个案例尽显搬家生活百态，一条条收纳小贴士皆是实践经验的总结。

希望这本书能让每个搬家的人实现轻松搬家！

留存道杭州分院
一米

目　录

CHAPTER 3

第三章　旧家物品打包与搬运　067

CHAPTER 4

第四章　新家规划和物品整理　123

你理想中的搬家是什么样的?

搬家之前，我们会认为这次搬家是一个里程碑，只要完成，就能开始新生活。然而，当我们付诸行动的时候，往往会把新家规划和搬家整理分开。甚至，没有制定专门的整理流程，将物品不加区分地打包，匆匆忙忙地搬完，到新家后又要花很长时间整理这个原本让人充满憧憬却又满地狼藉的家。

新的问题也会在搬家后逐渐出现。

- 为新家购买的柜子好看却不实用，无法容纳更多物品，只能新增收纳柜;
- 每次搬家都会“丢”东西，原本随处可见的小物件却怎么找也找不到;
- 所有物品一股脑儿地打包在一起，拆箱就像拆盲盒，不知道会看到什么物品;
- 东西散落在各处，由于事先没进行规划，不得不将同一件物品来回挪动，费时费力，毫无效果。

结果便是，家搬了，生活没搬。

CHAPTER 1

第一章

搬家更是理家

卞栎淳

中国整理收纳行业创始人
中国家庭空间管理行业开创者
留存道整理学院院长
IAPO 国际整理师协会名誉会长

著有《留存道》《收纳，给你变个大房子》《好好装修不将就》《当整理师来敲门：改变 45 个家庭的整理故事》《当整理师来敲门：亲子整理 40 例》《人人都能成为整理师》等整理收纳专业书籍

曾被中央电视台、英国 BBC、法新社、法国电视台、德国 RTL、日本 NHK、芬兰《赫尔辛基报》、CGTN 多次报道

《央视生活圈》《天天向上》《我是大美人》《辣妈学院》《家屋室的主人》等知名节目的热邀嘉宾

搬家不仅是“搬”家，更是“理”家，它是一次自我整理、开启新生活的机会。

搬家没有想象的那么难。做好空间定位与物品规划，你也可以实现轻松搬家。

乱糟糟的搬家现场

搬家整理需要怎么做？

在行动之前，你需要明确新家每一个房间的功能定位，以便使家人们离开原来熟悉的环境也能自在生活。完成对自在生活的设想，理清自己的需求，对你的规划有重要帮助。

在规划之前，问自己一个问题：家，最重要的意义是什么？

过去，尤其对长辈来说，家的摆设意义大于生活意义。

通常，客厅由沙发、茶几和电视墙组成

比如，客厅一定要摆放巨大无比的贵妃沙发和茶几，哪怕家里一年到头不会来多少客人。再比如，常年空置的客房安排了一张双人床，占据房间大部分空间，但它可能只有在春节期间亲戚来访时才会派上用场。

与之形成巨大反差的是，厨房、洗手间、玄关等使用频率很高的地方，空间狭小，经常塞得满满当当；待塞不下时，再新增一些与房子装修风格不匹配的收纳架挤占空间，或者把东西拿到客厅、餐厅。长此以往，家里变得又拥挤又不实用。

一定要记住：我们是为了生活而住在家里，而不是为了家而生活。

一个舒适的家应该像森林里的空气，让人感到轻松无负担，在这里，一呼一吸都是自在的、惬意的。

我们往往忽视自己真正的需求，把最狭小的位置留给经常使用的空间

为了实现这份自在，你需要充分地了解自己、家与物品，重新审视空间、物品与人的共生关系。因此，在进行规划的时候，问自己几个问题。

1. 空间：新家有多少个独立空间？它们分别有哪些功能？
2. 物品：现在有多少种物品？它们可以根据空间分成多少种类型？
3. 人：家里有哪些人员？每个人需要哪些空间、哪些物品？对家又有什么需求？

你需要尽量细致地将生活中所需求的、所拥有的、所期待的列出来，这时你会发现：

- 新家的空间是容纳你欲望的绝对边界。
- 你所拥有的物品在脱离空间桎梏，而只考虑人的需求的时候，其分类会更清晰。
- 你的需求是核心，是可以平衡空间与物品的关键因素。

将这份清单列出来后，你的新家规划就已经完成了一半。接下来，你需要像玩七巧板一样把空间条件、物品情况和自己的需求拼起来。

拿出纸和笔，按照清单，在纸上画草图，一步一步地根据自己想要的样子进行优化。

以化妆收纳为例：

我对新家的化妆桌设计没有要求，只想坐在洒满阳光的地方化妆，起床后不用走很远就能惬意地吹头发、化妆，我常用的护肤品和化妆品可以伸手拿到，也可以在这里完成配饰搭配。晚上回来，我希望能在这里快速卸妆，不用走很远就能换完衣服。

恭喜你，你已经完成了对自己真实需求的表达。接下来，整理一下需求清单，即新家需要满足的条件。

化妆角落需求清单：

1. 对化妆桌的款式没有太多要求。
2. 附近需要有窗，阳光可以照进来。
3. 安排在与卧室离得很近的地方，或者直接安排在卧室里，最好就在床边。
4. 能接入电源，方便吹头发。
5. 化妆桌需要带储物功能的，可收纳护肤品、化妆品与配饰。
6. 化妆桌的收纳要合理。
7. 需要与洗手间离得很近，方便卸妆、洗脸。
8. 需要与衣柜离得很近，方便就近换衣服。

看一下新家的空间，你会发现，卧室正好有一个角落，阳光可照进来，而且就在床和衣柜的旁边，距离洗手间也不远，可以满足你的所有需求。那么，它就是你的化妆角落了。你可以把护肤品、化妆品、配饰等都放在这里。清点完物品的数量，再放置一张合适的桌子，这个空间需求就解决了。

重复以上步骤，你可以逐渐完成新家的空间与物品规划。

在规划的过程中，可以参考以下五个方法。

方法一：主次排序

规划完成后检查一下，你是否已经把最常用、最有价值、最适合现在的需求放在了首位。这时你会发现客厅巨大无比的贵妃沙发和茶几、常年空置的客房及超大的双人床对舒适的生活来说是多大的浪费！

你和你的家人目前最重要、最迫切的需求是最需要解决的，未来几年如果功能需求发生变化，可以根据情况进行调整。

方法二：确定边界

如果你的家里人员很多，你需要为每个人划分属于他们的空间，避免彼此干扰。

这就需要你在做需求清单的时候问清楚家里的每一个人：对家的期待是什么样的？日常在家想做什么？

如果是有孩子的家庭，尽量为学龄期的孩子安排独立的儿童房，避免影响他们学习。

如果你是个需要安静的人，你可以尽量把独处的空间安排在封闭的书房或者卧室，避免共用空间。

无论如何，你都需要给家人安排一个可以独处的角落，即使在同一个屋檐下生活，每个人也能各自独处。

家是长辈可以肆无忌惮地刷短视频的地方，孩子可以悄悄地写日记的地方，妻子可以舒服地看书的地方，丈夫可以专注地工作的地方，猫咪可以安心地睡觉的地方。

能安心生活的地方，就是家。

方法三：空间折叠

我们的家可能只有几个房间或空间，但我们的需求却有十几个。面对这种情况，我们可以运用空间折叠法，将几个生活场景折叠进同一个房间，几类生活用品折叠进同一个柜子，提高空间利用率。

比如，你想在家做些简单的健身运动；也希望有一个宽敞的书房，可以安静地读书；

有边界感的儿童房规划

同时，你需要一把摇椅，坐在上面休息；你还希望家里的猫咪有足够大的空间实现每天的“跑酷”运动……

而你的新家正好有一个足够宽敞的大厅，你也没有待客需求，这个空间你能随意布置，可以把健身房、书房、休息室、猫咪活动室折叠在这个大厅里。虽然这几个空间的生活场景似乎毫不相关，但足以实现所有功能。

方法四：动线优化

经过几番折腾，相信你已经画好相应位置的草图了。

现在，你需要再次拿起笔，画出你在家里的生活动线，并问问自己动线是否简短。动线，就是你做一件事的行动路线。

以下问题可以作为参考。

● 从早上起床到出门，你通常会怎么走？是否需要走过好几个房间来来回回地取东西才能离开家门？

● 洗一次衣服，你需要走哪些路径？脏衣回收、洗衣、晾衣、放进衣柜是否需要重复走几圈？

● 你从超市购物回来，各类物品归位的时间需要多久？如果购买了很多菜，冰箱是否还有位置存放？做饭的时候你是否总要来回走动？

● 书桌的位置是否方便孩子一放学回来就能坐下学习？还是说玩具的位置让他觉得玩起来更方便？

把你可能会去的区域像做连线题一样用笔连起来。每完成一个情景，查看一下结果，看动线是否简短。如果行动路线画得乱七八糟，说明目前的规划不是很完美。

试着改变规划的结果，把一些不必要的动线简化合并。

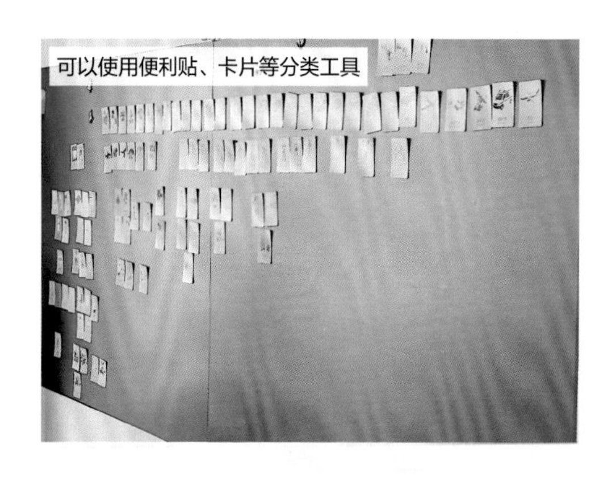
可以使用便利贴、卡片等分类工具

方法五：美学陈列

家不仅是舒适的，更应该是美的，在折叠空间、优化动线的同时还需要考虑最终的视觉效果。一个看起来很美的家可以极大地提升每个人的幸福感。

比如，长辈为了方便，常常将拖把等打扫工具、脏衣篮和脸盆等清洁工具、洗浴用品等堆放在洗手间，虽然用起来顺手，但洗手间看起来乱糟糟的。如果使用家政柜、小推车收纳它们或上墙使它们“隐身”，洗手间会看起来清爽很多。

同样，你在折叠多功能生活区的时候，也需要思考呈现效果。比如，猫爬架、书柜和洞洞板都是原木色，尽管使用场景不同，但会给人一种和谐的感觉。倘若从旧家搬进来一个深色的红木家具，则会破坏这份美感。

生活不能将就。根据“破窗效应”，若你一直在一种没有美感的环境中生活，则你在生活中会慢慢变得迟钝，并习惯现在的样子，在后续无意识的布置中，家里的配色会变得更乱。

折叠空间可以使小家越住越大

只要理解以上方法，或许你对家的功能定位和空间规划就会有一定思路，可以通过后面的案例逐步了解如何准确地进行规划，如何打包物品，如何进行新家整理。

规划和整理的理念应该贯穿于搬家整理的全过程。

装修新家时，我们通常在意风格是不是符合之前的设想，比如，柜子的颜色和整体装修风格的匹配度高不高，柜门的把手款式好不好看，柜子是做一门到顶还是留一些空隙，等等。我们参与了柜体的外部设计，却没有思考柜体的内部储物空间是否合理，有没有将其进行最大化利用，五金件是不是好用，等等。我们只是尽力地解决外在设计的问题，却忽视了内在空间的合理性。其实，储物空间的内部规划需要在整理收纳之前解决。以衣柜的裤架设计举例。如果一个裤架上有 8 根杆，每根杆上挂 2 条裤子，一共可以挂 16 条裤子，那么其他裤子放在哪里？再比如，鞋柜的层板间距平均 20 厘米，放置 10 厘米高的鞋会浪费上方 10 厘米的空间，但 25 厘米高的鞋又放不下。这些问题都是因没有提前规划导致的。

如何在搬家前做好空间规划呢？

将自己家的空间分成十个区域，每个区域放置相应的柜子，根据物品的数量调整柜子的内部格局。

区域	储物空间	注意事项
玄关	鞋柜	主要收纳鞋，层板间距遵循“中间低，两端高”的原则，通常以 15~25 厘米为佳
客厅	电视柜、茶几柜、边柜	用电视柜代替电视墙，将电视柜作为主要收纳柜体，遵循“露二藏八”的原则
卫生间	镜柜、台盆柜、侧柜	充分利用柜体空间放置收纳筐，将物品分类摆放进收纳筐里
卧室	斗柜、床头柜	以抽屉柜为主，在抽屉内放置抽屉分隔盒，将其作为内部空间分隔的工具
衣帽间	衣柜、包柜	尽量在衣柜内多设置挂衣区，遵循“能挂坚决不叠”的原则；以 2 米高度为基准，上下均分为两个短衣区；层板区收纳包袋；尽量少用异形五金工具
儿童房	衣柜、书桌、书柜	根据孩子的身高设置储物空间，比如 2 米高的儿童衣柜可设置 3 根衣杆，达到扩容 30% 挂衣区的效果
书房	书柜	书柜的深度以 25~30 厘米为佳，层板高度可设置为 30~40 厘米
储物间	储物柜	在闲置区域如生活阳台、储物间、客房等设置储物柜，收纳囤货
厨房	吊柜、地柜、台面	以标准化设计为依据，适当调整层板间距或增加层板以达到扩容的目的
餐厅	餐边柜	尽量做整墙柜体，以缓解厨房的储物压力

CHAPTER 2

第二章

无规划
不整理

明确的房间功能定位可让生活更自在

合理的物品摆放让生活更轻松

储物空间规划前置的必要性

换个大房子迎接新生命

小户型也可以拥有品质生活

柜体改造解决收纳难题

整理让心爱之物留存有道

走近整理美学

家居的陈列之美

搬家前的准备

明确的房间功能定位可让生活更自在

旧　家	房屋类型	五室两厅
	房屋面积	700 平方米
	家庭组成	单身
新　家	房屋类型	两室一厅
	房屋面积	130 平方米
	家庭组成	单身

挑选新家：小艺在找新房子之初便联系了整理师，让他们帮忙一起挑选合适的住所，以满足现有物品的存储需求。

新家规划：由于新家比旧家的储物空间小约 3 倍，因此整理师需要建立合理的规划体系，尽量满足储物与美学兼具的需求。

入住需求

- 客厅既需要有会客功能，又需要有休闲功能。
- 将旧家工作室的产品搬到新家后进行陈列，方便寻找和使用。
- 尽量将衣服和包全部悬挂或陈列，不用做换季整理。
- 需要为宠物猫设置独立的玩耍空间。

解决方法

- 根据“露二藏八”的原则，将客厅储物柜的门做成隐蔽式木门，尽量减少客厅的视觉凌乱感。
- 结合大房子搬小房子的实际情况，尽量增加新家的储物空间，使物品量和储物空间的容量相匹配。
- 在客厅增加休闲娱乐区，打造一个舒适的放松空间。

多功能客厅规划

在做新家客厅规划时，整理师需要根据小艺的需求将其划分为休闲区、会客区和工作区，对客厅进行“去客厅化”设计，打破传统观念，根据舒适至上的原则，按照小艺的生活习惯进行布局。

客厅整理前

多功能客厅

客厅整理后

客厅规划 Tips

1. 列一个功能需求清单（按照重要程度排序），在满足最重要需求的前提下，也可以尽量满足非重要需求。
2. 规划充足的收纳空间，靠墙放置储物柜，以最大限度地扩展客厅的储物空间。
3. 放一面大镜子，不仅美观，还可以从视觉上感受到空间的延伸。
4. 根据“露二藏八”的原则，将美学融入整理。

旧家的展示柜搬入新家后显得格格不入。即使是新家客厅最大的一面墙都无法将这 8 组展示柜全部安置，而且玻璃柜门会让人一览无余里面的物品，使得整体看上去很凌乱，与小艺的需求背道而驰。为了将旧家的家具全部安置在新家，整理师将 8 组展示柜的玻璃柜门改为不可视的白色木门，并且将部分展示柜改造为储物柜，这样可以兼具收纳和储物的功能。在储物柜前放置一张会客桌，不仅可以满足小艺的会客需求，还可以让她安静地工作。经过改造，一个客厅可同时承担 6 个不同的功能：书房、工作室、会客厅、休闲区、餐厅和猫咪玩耍区。

一个空间可以满足不同的需求，这就是整理收纳的魔力。

客房改造为衣帽间

衣帽间不仅可以体现女生的心情和故事，还诠释了她们对生活的态度。为衣帽间规划足够大的储物空间，可以节省很多时间，也可以避免衣物的重复购买。但是小艺的新家没有足够的空间满足她四季衣服不做换季整理的需求，整理师考虑家里常住人口不多，将客卧规划为衣帽间，并且将全部衣服悬挂起来。小件衣物可以折叠进抽屉或布艺拉篮中，整齐干净、拿取方便。

衣帽间规划 Tips

1. 空间规划的首要因素是考虑使用者的习惯。
2. 整理收纳衣服时遵循“能挂坚决不叠”的原则，若空间有限，则尽量悬挂当季衣服。

一次搬家整理是对生活的重新梳理。在搬家整理的过程中，整理师通过独特的方案，实现物品的合理存放。打造专属收纳体系，可以让我们的家成为真正意义上的心灵港湾。

搬家是一次难得的重新整理自己物品的机会，就像人生，我们需要不断地总结，不断地梳理，才能重整心情，重新出发。门外是世界，门里是生活。好好住，才能好好生活。

陈列细节

整理师来了

壹壹

用整理传递温度，
用温度为爱升温

- 留存道北京分院海归团队运营负责人
- IAPO 国际整理师协会北京分会理事
- 资深空间管理师、资深整理收纳师
- IAPO 国际整理师协会认证讲师、留存道认证讲师
- 中国外运、北汽集团等知名企业特邀整理讲师

壹壹是一名留学英国的硕士生，毕业后，她回国入职世界 500 强公司工作了 8 年，但有了孩子后她想留出更多时间陪伴孩子，于是选择回归家庭，后来又成了一名职业整理师。壹壹真正地做到了把爱好作为事业，带着爱从业。

合理的物品摆放让生活更轻松

旧　家
房屋类型　三室一厅和四室两厅
房屋面积　140 平方米和 600 平方米
家庭组成　一家六口（爸爸、妈妈、6 岁哥哥、3 岁弟弟、爷爷、奶奶）

新　家
房屋类型　六室两厅
房屋面积　500 平方米
家庭组成　一家四口（爸爸、妈妈、6 岁哥哥、3 岁弟弟）

青儿在新家装修之初就让整理师介入了。整理师可以针对搬家要点和新家储物空间的设计提出建议，以免装修完后再浪费时间和金钱改造不合理的储物空间。

2020 年 3 月至 2021 年 6 月，新家设计图完成。根据设计中的一些问题，整理师对储物空间的方案进行了优化，从地下室门口的鞋柜到顶楼的主卧和卫生间收纳

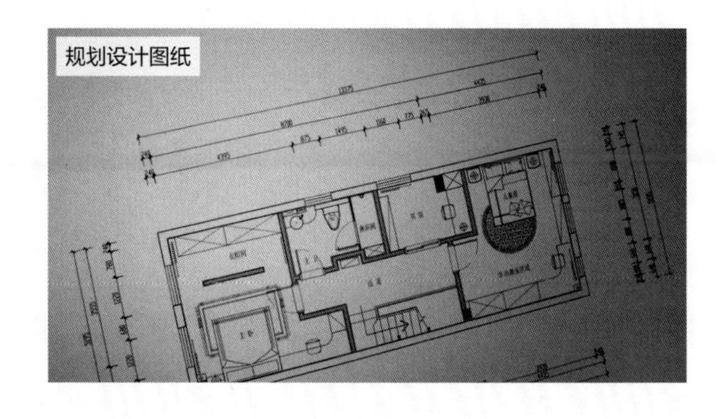
规划设计图纸

空间逐一提出建议，尽量让每个空间在实用性、储物量、美观度和匹配度方面达到最优的状态。

比如，家庭成员是从负二层入户的，最好取消一层的鞋柜，将负二层的鞋柜扩大，并在负二层增加储物间，收纳通过地下室入户的大件物品；负一层为大型衣帽间和储物间，还有洗衣房，烘干衣服后可直接悬挂在衣柜内；二层和三层分别放置独立的衣柜，方便当季衣服就近收纳。

2021 年 6 月至 8 月， 木作进场，这时整理师需要对安装细节进行把控，不管是一根衣杆的安装高度还是层板之间的间距都要做到精益求精。

2021 年 9 月，第一次搬家，将物品从原来和父母同住的房子搬运到新家。此次搬运的是近期不常用的和换季的物品，以储存收纳为主，可以放入非中央空间。

2021 年 10 月，第二次搬家，将物品从原来自己居住的房子搬运到新家，持续了两天时间。第一天，除了将在旧家临时居住两天需要使用的日常生活用品和换洗衣服保留，其他物品都打包搬运，收纳至新家的合理空间内。第二天，待所有物品收纳完毕，将留在旧家的物品搬运至新家并放在合适的位置，以确保当晚安心入住。

2021 年 10 月至 12 月，所有物品完成收纳，各归各位、动线合理、取用方便。

新家从装修到入住花费了将近两年时间，这期间，从新家储物空间设计、木作安装，到生活小物件采买、软装布置，整理师全程跟进，确保搬家整理高效完成。

- 从源头上解决空间不合理的问题，让所有物品好拿好用。
- 为两个孩子规划各自的独立空间，不管是学习空间，还是娱乐空间，尽量做到两者之间互不影响。
- 把控陈列细节，以达到美观大气的效果。

解决方法

- 整理师持续跟进全屋设计和木作设计，充分考虑家庭成员的使用需求，规划适合他们的动线，确保所有储物空间合理。
- 根据两户搬一户的实际情况，结合物品的使用场景和时间，确保物品取用方便。
- 将两个孩子的游戏区、阅读区和休息区进行明显的空间划分。
- 在规划收纳位置时，充分考虑每位家庭成员的情况，收纳到位。

衣帽间

搬家前，整理师对新家衣柜进行了详细的空间规划。整个衣柜空间可以划分为男士区和女士区。因为衣帽间的门在左侧，所以左边 3 个衣柜归男士，中岛柜靠近左侧的抽屉也归男士。其余空间为女士专用。这样可区分男女士各自的使用区域，充分做到物品不交叉，动线不重复。

归位收纳分类可遵循以下原则：先按人员分，比如男士、女士；再按季节分，比如夏款、秋款；最后按类别分，比如上衣、裤子、小件物品等。

搬家后的衣帽间整理收纳应考虑拿取和放回的合理性以及使用场景，做到动线合理、分类明确，同一时间段使用的物品或者同一个人使用的物品集中放置，尽量只开一个柜子就能拿到需要的所有物品。

衣帽间归位 Tips

1. 舍弃裤夹，用衣架挂长裤，可以节省更多空间。
2. 衣帽间常用的工具“三剑客”为植绒衣架、分隔盒和百纳箱。

裤子悬挂整齐

为了节约更多整理新家的时间，可在打包时即考虑好物品在新家的位置，并按照新的位置把衣服分类放置于不同的纸箱，可分为衣物类、包袋类、饰品类。在纸箱外贴上标签，注明物品信息，这样在整理新家时就不会手忙脚乱了。需要注意的是，在装易碎品的纸箱外贴上“轻拿轻放”的标签。

南方雨水比较多，在打包衣服时，为了更好地保护衣服，避免阴雨天气和搬运过程造成衣服损坏，可在纸箱内放置超大号透明塑料袋，再用平铺法将衣服左右交叉平铺入箱，尽量减少衣服的折叠和压痕。西装正装和礼服选用可悬挂式衣物专用转运箱，将衣服挂在衣架上一起入箱。带钻衣服应套上防尘罩入箱，纸箱外贴上“此处向上”的标签。

安置打包箱

正装打包

儿童房整理后

玩具陈列

儿童房

在做儿童房的归位工作时要充分利用空间，不仅要分类仔细，还要考虑孩子的身高、喜好、使用习惯等。比如，将当季常穿的衣服悬挂在最下面的衣杆上，这样孩子可以自己拿取。将孩子喜欢的玩具放在一个独立的空间内，部分玩具适当陈列，从左到右依次是细小颗粒玩具、立体玩具、大型玩具、绘本等。这样弟弟在左侧玩玩具的时候不会弄乱右侧哥哥的绘本。兄弟俩共用一个空间时最重要的是划分属于他们各自的区域，做到边界清晰，培养他们的边界感。

玩具是孩子的心爱之物，打包时要格外用心。首先，打包前将所有玩具筛选一遍，将不喜欢的或者已经破损的玩具淘汰。其次，区分易碎品和非易碎品，比如，橡胶类、卡片类、球类等不易损坏的玩具直接装箱，而玩具枪、小汽车和怕划伤的玩具先用雪梨纸包裹再装箱。

玩具打包

儿童房归位 Tips

1. 充分利用空间，将儿童房的衣柜分为上中下三层，最上面悬挂换季衣服，最下面悬挂当季衣服。
2. 功能区的划分要明确，游戏区和学习区以互不干扰为宜。
3. 孩子喜欢的玩具可以适当陈列，增加仪式感。

在搬家整理的过程中，不仅要解决搬家低效和物品无法迅速归位的问题，还要合理规划空间，提高新家的空间利用率，这样才能轻松享受新家生活。

整理师来了

一米

杭州一米，为你整理好每一米

- 留存道杭州分院城市院长
- IAPO 国际整理师协会常务理事
- 资深空间管理师、资深整理收纳师
- IAPO 国际整理师协会认证讲师、留存道认证讲师

一米于 2018 年进入整理行业，创立了留存道杭州一米团队，曾受邀参加 OTT Lady、《杭州日报》《东阳日报》等媒体的采访。她于 2018 年至 2020 年连续 3 年蝉联“留存道十佳合伙人”，是林珊珊团队、呗呗兔团队、何琢言、管阿姨、房子靓、毛小兔、王宛尘等明星和达人的御用整理师。她是整理界的“博主收割机”，带领的团队被称为“最具商业价值团队”。

储物空间规划前置的必要性

旧　家

房屋类型　三室两厅
房屋面积　230 平方米
家庭组成　一家三口（爸爸、妈妈、女儿）和一只小狗

新　家

房屋类型　三室两厅
房屋面积　130 平方米
家庭组成　一家三口（爸爸、妈妈、女儿）和一只小狗

云姐一家从两层的大房子搬到面积缩小将近一半的新房子。虽然三室两厅足以满足三口之家每一位家庭成员的空间需求，每个人都能拥有属于自己的独立起居空间，但是房子的居住面积减少了 100 平方米，想将之前的所有物品都安放至新家似乎是一件不可能完成的任务。房子越小，越要注重收纳方式。一般情况下，一个房子的收纳面积占整个房子使用面积的 30% 左右比较合理。如何让每一位家庭成员拥有属于自己的独立储物空间，让他们心爱的每一件物品以最美的状态呈现，让使用频率最高的物品实现最优最短的动线，都是这次搬家整理需要解决的问题。

整理师首先对新家的收纳空间进行规划，其次做好搬家工作，最后进行新家整理。在前期规划时，整理师不仅要考虑内部收纳格局，还要看与收纳用品是否匹配，无论是在收纳用品与柜体的尺寸结合方面，还是在外观匹配度方面，都要充分考虑，这样可以大大地提高新家物品的复位效率。

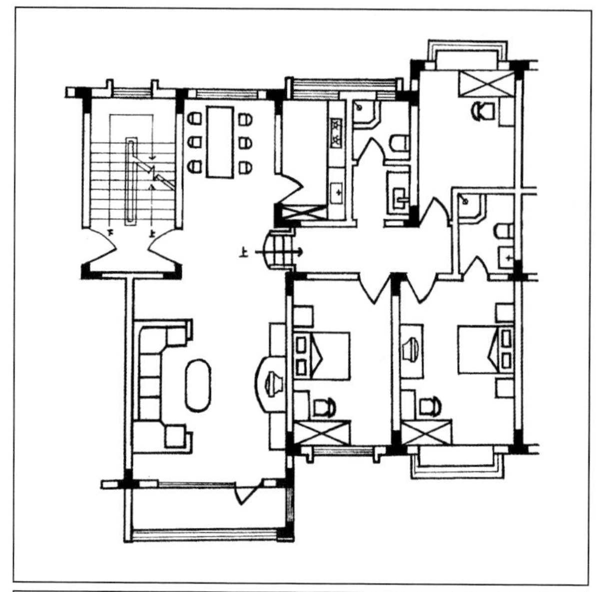

改造前的
户型图

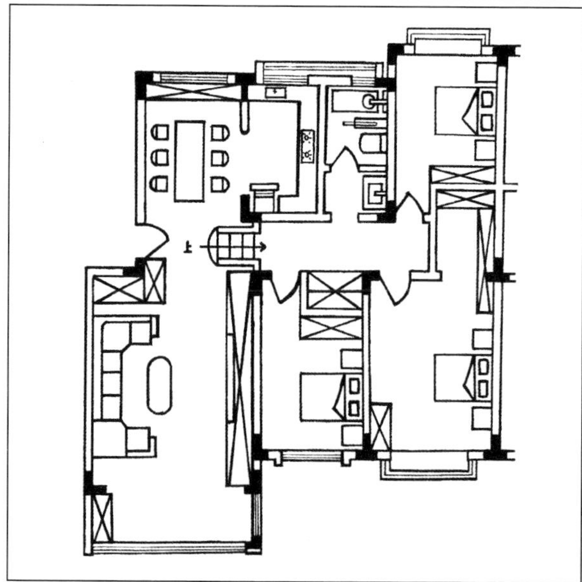

改造后的
户型图

入住需求

- 男士需要一个相对独立的起居室。
- 女士衣服较多，需要一个独立的衣帽间。
- 尽量将囤积的化妆品和日常使用的化妆品放在一起。
- 尽量增加储物柜，尤其是公共空间。
- 需要一个健身区、家政收纳区和喝茶区。
- 厨房不要封闭式的，因为做饭时需要与家人交流。
- 给调皮的小狗安排一个适合它的小空间。

男士专属起居室

将书房改造为男士专属起居室，并且根据男士的生活习惯和物品情况对空间进行规划。起居室进门处设置一个独立衣柜，以满足男士全部衣物和行李箱的存放需求（日常使用频率较高）。将窗台下面的区域打造为休闲地台，可放置男士的吉他、围棋等休闲娱乐物品和小狗的小窝。

主卧

由于女士的衣服比较多，因此需要重新规划主卧空间，拆掉原卫生间的隔墙，将卫生间和主卧打通，依北墙和东墙设置一个 5 米左右 的 L 形衣帽间，并在其内部打造四个短衣区，将那些需要折叠的小件物品放置在主卧床尾处的白色斗柜内。经过这样的规划，主卧的空间增加了一倍。

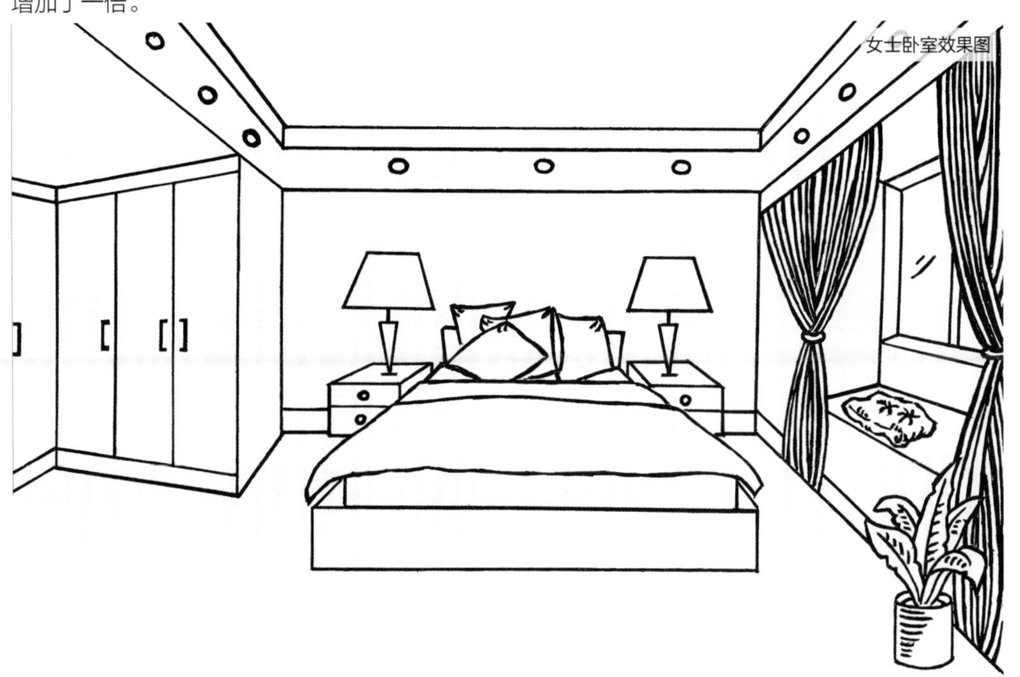

开放式衣帽间

白色斗柜

公共空间储物柜

连接三个卧室的走廊是一个公共区域，可将其规划为化妆品和日用品的储物空间。将此处的墙体向南延伸 85 厘米，卧室内部的墙留55厘米作为衣柜空间。而外部走廊的墙留 30 厘米作为储物柜空间，距离卫生间的化妆镜柜只有 1 米多，可将此空间作为化妆品存放区和卫生间日常用品存储区。多出来的空间用来存放健身衣物和运动物品，出门运动前可从此处随手拿取瑜伽服、运动汗巾、游泳用品等。规划好后，分门别类地进行标签化管理，这样可以让日常拿取和复位变得简单且高效。

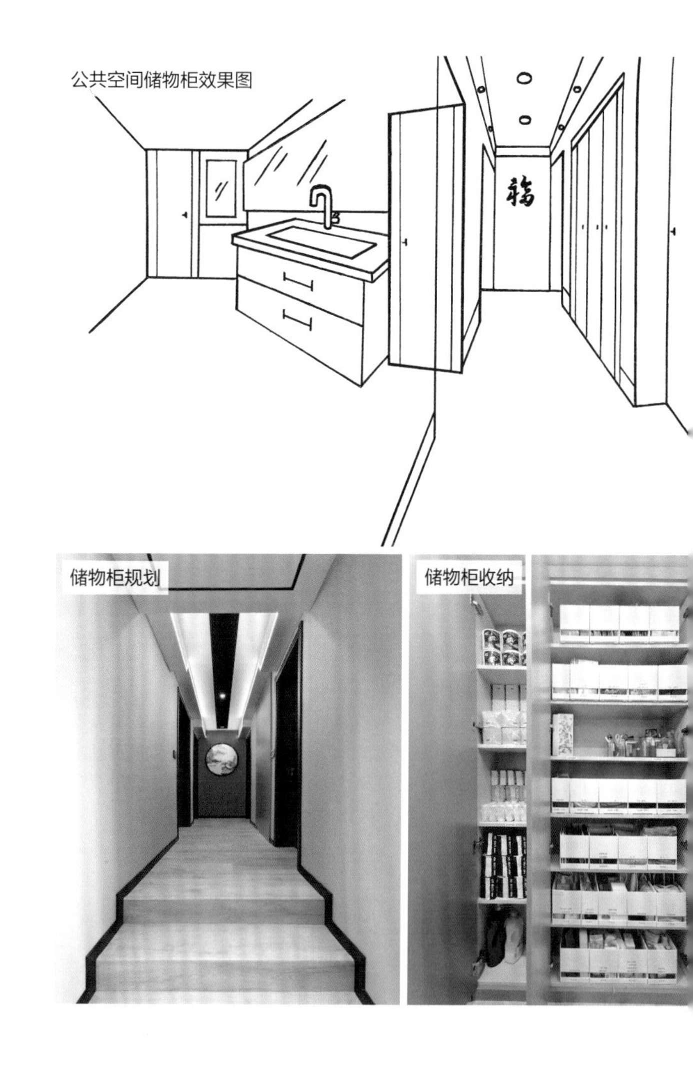
公共空间储物柜效果图

储物柜规划

储物柜收纳

客厅阳台柜

在不影响采光的情况下，可在阳台西侧增加一个深度 45 厘米的储物柜，左侧层板区存放小件清洁类工具，右侧墙上挂洞洞板，将五金工具类小件物品全部上墙放置。将中小型健身器械收纳拉篮放置在洞洞板前方，乒乓球、毽子、跳绳等常用的运动小件物品挂在洞洞板上。柜体下方空余的 15 厘米区域可内置充电插头，安放扫地机器人。

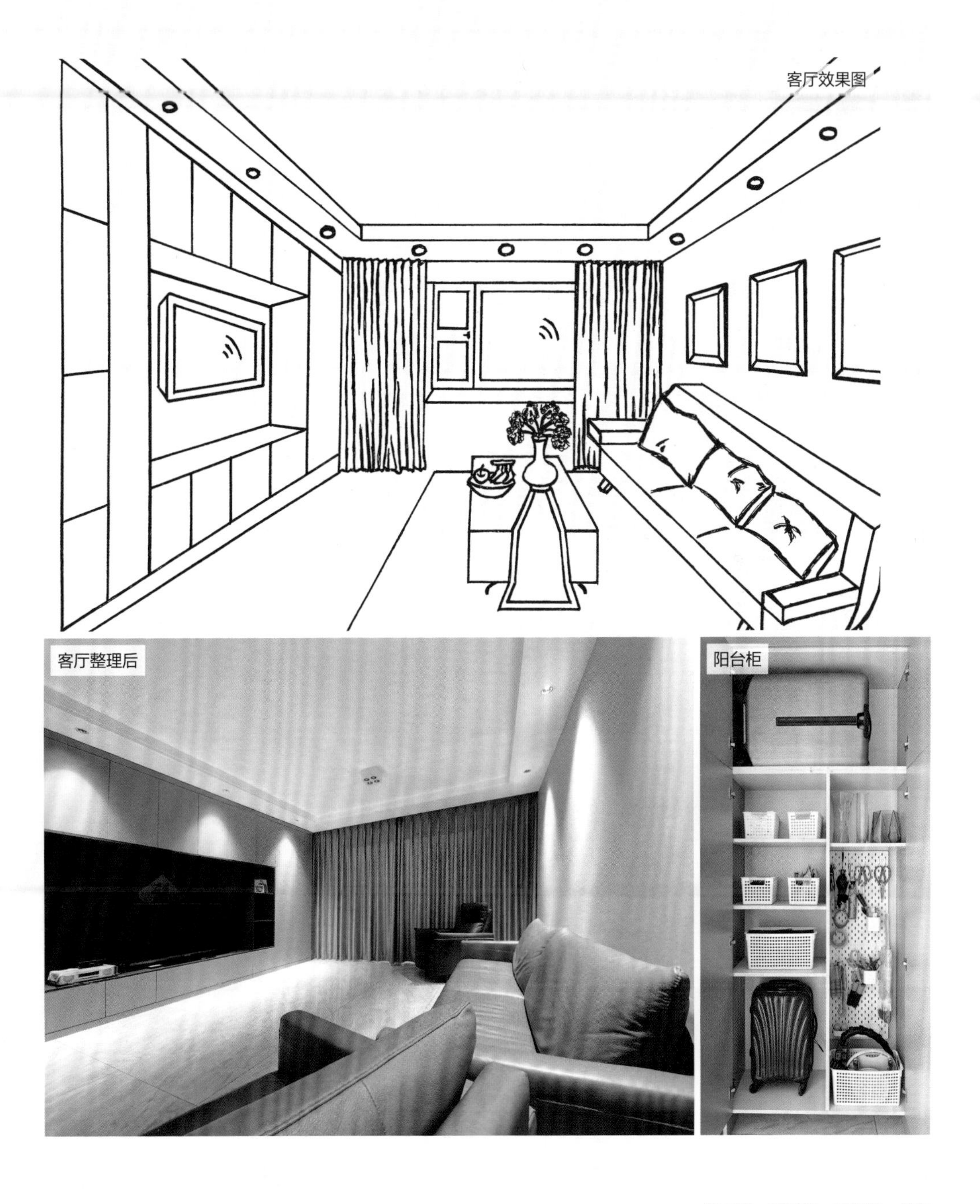

开放式厨房

厨房窗台下方可增加深度 30 厘米的半柜作为日常食品存放区，将小包装冲泡类饮品、药品、部分常用餐厨小工具等放置在抽屉小件区，中大型餐厨周边物品放置在两侧层板区。

开放式厨房效果图

抽屉区物品收纳

层板区物品收纳

从餐厅到厨房的过渡区有一个小吧台，可在此处设置直饮水管线机、茶具摆件等，打造一个“能量站”。平时好友来家里做客即可坐在这里惬意地喝茶、聊天。零食放置在左侧的矮柜分隔盒里，随手就可拿起来享用，极大地缩短了动线。

厨房空间规划

厨房物品收纳

把每一件你想留下来的工艺品用适合的方式保存下来，将它们陈列或者收藏起来，从而让这些承载了你独特记忆的物品成为珍藏品。

收藏品展示

整理师来了

湘津

分享整理理念，分享美好生活

- 留存道济南分院城市副院长
- IAPO 国际整理师协会济南分会理事
- 资深空间管理师、资深整理收纳师
- IAPO 国际整理师协会认证讲师、留存道认证讲师
- 留存道年度十佳合伙人
- 收纳空间规划、整理服务面积超 80 000 平方米

专注每一次服务，专注每一场分享。湘津团队以严谨、细致的工作态度走进社区、学校、企业，将他们学到的东西用最大的热情、最真诚的态度分享给顾客、朋友、家人。用心做分享，用爱做整理，他们愿意影响和带动更多的创业者收获事业和生活！

换个大房子 迎接新生命

旧 家

房屋类型 两室一厅
房屋面积 100 平方米
家庭组成 一家三口和一个阿姨（爸爸、妈妈、儿子、阿姨）

新 家

房屋类型 四室两厅
房屋面积 300 平方米
家庭组成 一家四口和两个阿姨（爸爸、妈妈、哥哥、即将出生的婴儿、阿姨、月嫂）

Jessica的第二个宝宝即将出生，她们原本居住的两室一厅的房子容纳不下这么多人，于是她和先生决定买一个更大的房子，一方面迎接新生命的到来，另一方面为哥哥腾出更宽敞的活动空间。

新家是将近300平方米的宽敞四居室，装修已经超过十年，几个房间分别是主卧套房、书房、会客室和保姆间。虽然面积很大，但对于有孩子的家庭来说，部分功能是缺失的。而且新生儿即将出生，考虑装修对婴幼儿的健康有一定影响，他们决定不装修、不买新家具、不大量添置软装物品。对他们来说，最大的难题是如何在原来的格局下适当规划空间，合理安排生活动线。

入住需求

- 解决新家各房间功能不合理的问题。
- 考虑新生儿即将出生，应安排合理的动线，方便阿姨和妈妈照顾。
- 女士的包、护肤品、小件物品等数量较多，需要妥善地解决它们的收纳问题。

解决方法

- 重新规划各个房间的功能，将原来的书房和会客室改造为卧室，床架和床垫使用旧家的即可。
- 与主卧相邻的书房暂时让哥哥和阿姨居住，并利用置物架收纳新生儿的物品。待新生儿出生后，将哥哥和阿姨安排到会客室改造的卧室居住，将新生儿和月嫂安排到书房改造的卧室居住，因为这个房间与妈妈居住的主卧相邻，可以方便她随时进屋照顾孩子。
- 调整客厅布局，将多余的沙发撤掉，规划一个适合孩子活动的娱乐区。
- 将主卧衣帽间合理分区，当季衣服全部悬挂起来；主卧的博古架改造为包的陈列架；主卧添置一个五斗柜，收纳小件衣物和零碎物品。
- 利用主卧卫生间两侧的开放格和洗手池下方的台盆柜收纳护肤品。

衣柜整理

衣帽间的抽屉全在最下方，考虑 Jessica 怀孕不方便频繁弯腰，整理师将其规划为男士小件衣物的收纳区。挂衣区规划一个短衣区给男士，这样男士在衣帽间即可完成整个穿衣搭配过程。女士衣服按照家居服、日常外出服、礼服等几个大类划分，并且全部悬挂起来。常穿的家居服放在左手最方便拿取的位置。短期内不会穿但又非常喜欢的高跟鞋放置在短裤短裙区的下方，这样安排既能充分利用空间，又能随时看到心爱之物。上方储物区收纳暂时不用的床品、冬季羽绒服等。

搬家前的衣帽间

搬家后的衣帽间

女士物品整理

主卧原来有一个陈列古玩的博古架，但利用率不高，根据 Jessica 的物品情况，整理师将博古架改造为包和香水的陈列架。博古架的高度和层板间距是固定的，不能进行调整，可按照品牌和使用频率分层陈列，将常用的放在易拿取的位置。香水用亚克力阶梯架陈列，这样可利用高度差轻松拿取每一瓶香水。

包的陈列

香水的陈列

精油的陈列

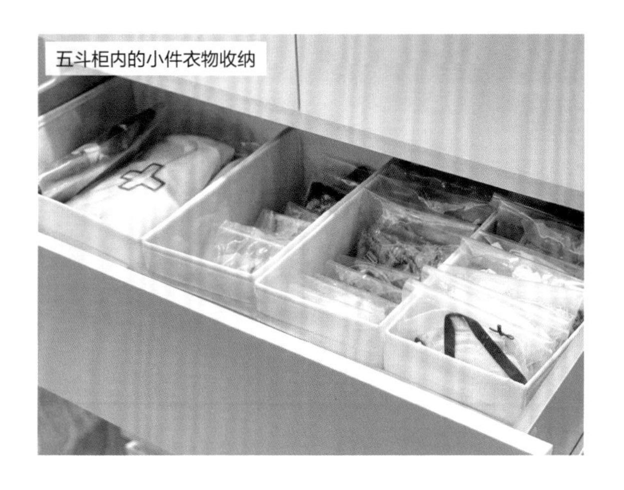
五斗柜内的小件衣物收纳

将主卧的钢琴挪走，增加一个梳妆台和一个五斗柜，收纳女士的小件衣物和化妆品、饰品等。

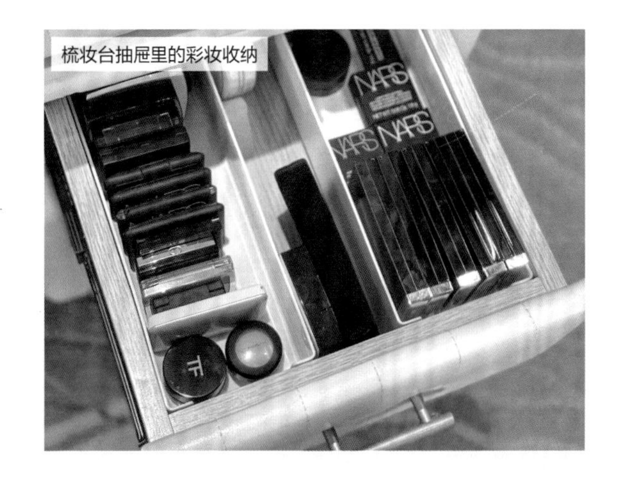

梳妆台抽屉里的彩妆收纳

因为 Jessica 是孕妇，不方便弯腰、蹲下，所以频繁使用的物品最好不要放置在低处。另外，在卧室增加一个梳妆台也是考虑她不便久站。

卧室物品打包 Tips

1. 在旧家打包衣物时，做好基础分类，并在纸箱外贴上标签，标注清楚。分类的标准建立在新家衣帽间规划的基础上，这样可避免重复工作。
2. 打包护肤品时，每一件都应单独包好，尤其是玻璃瓶，一定要用气泡柱或者塑料泡膜包裹，以免运输过程中破损。另外，需要注意的是，打包时筛查一下所有护肤品的有效期，并按照已过期、3 个月临期、6 个月临期分类，根据分类决定如何处理。

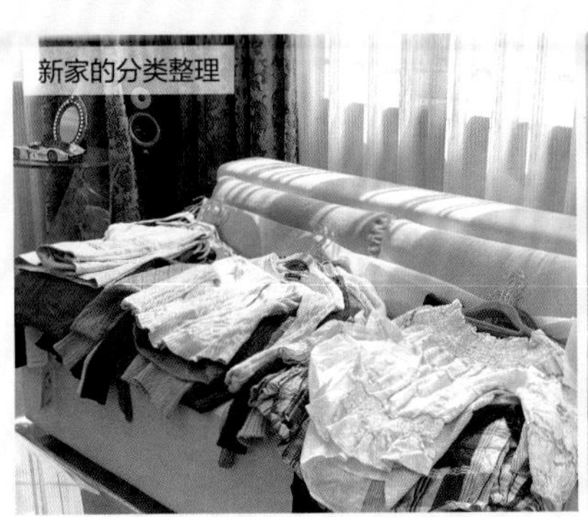
新家的分类整理

打包好的物品

新家的拆包整理

主卧卫生间整理

Jessica 的护肤品较多，在旧家生活的两年时间里，这些护肤品占据了整个洗手池的台面。虽然新家主卧卫生间洗手池的台面比较大，但收纳应做到有序、易找、美观。台面两侧的壁龛可以充分利用，并用直角盒分隔，固定物品位置，这样就不会出现物品太多而找不到的问题了。墙上空余的空间可以放置洗脸巾收纳盒，不仅拿取方便，还能提高空间利用率。两侧壁龛的最上方高度太高而不宜放置日常频繁取用的物品，可放置花瓶作为装饰。

充分利用壁龛收纳

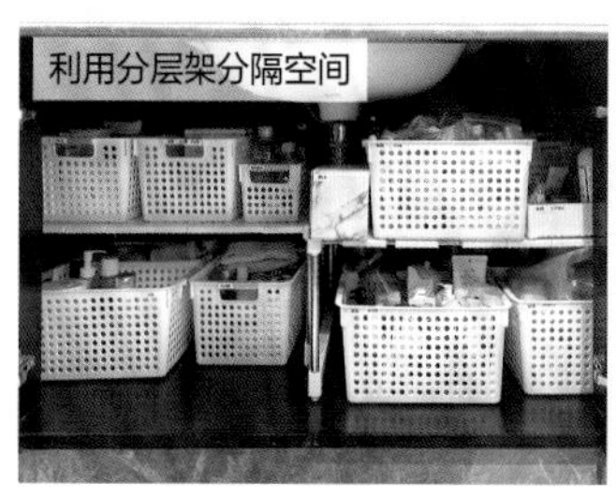
利用分层架分隔空间

收纳物品

台面下方的柜子收纳的是护肤品和日用品囤货，可用分层架分隔空间，从而起到充分利用空间的作用。

客厅

客厅原来是一个合围格局，围了一圈沙发，空间显得有点狭窄，可以将两个单人沙发和茶几收起来，腾出空间放置围栏、海洋球池和绘本架，这样安排可以空出很多空间供孩子玩耍。

客厅整理前

客厅整理后

幼儿活动区

新家和旧家的格局和功能完全不一样，新家的收纳空间无法完全满足每个人的储物需求。因此，整理师需要了解客户的生活习惯和物品，洞察客户的内在需求，将新家整理成客户理想中的样子，助力客户开启新生活。

整理师来了

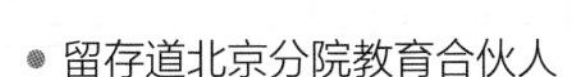

未未

住得舒服，不是房子本身带来的，而是我们用心经营来的

- 留存道北京分院教育合伙人
- IAPO 国际整理师协会北京分会理事
- 资深空间管理师、资深整理收纳师
- IAPO 国际整理师协会认证讲师、留存道认证讲师
- 从业 5 年，整理服务超 300 个家庭，培养整理师超 300 名

未未团队自 2019 年以来走进 300 多个家庭，注重帮助客户解决收纳痛点，提升居住品质。未未曾为中央广播电台主编、知名艺人、百万粉丝博主提供整理服务，也为高端楼盘提供储物规划设计方案，并受邀担任知名银行、500 强企业的整理讲师。2021 年，未未接受新华社采访，畅谈整理师新职业的发展前景。未未一直坚持做有温度的整理，助力客户打造有温度的家。

小户型也可以拥有品质生活

旧　家	房屋类型	四室两厅
	房屋面积	160 平方米
	家庭组成	一家三口（爸爸、妈妈、儿子）

新　家	房屋类型	两室一厅
	房屋面积	80 平方米
	家庭组成	一家三口（爸爸、妈妈、儿子）

收纳细节

佳姐一家需要重新装修一下目前居住的房子，只能暂时租房子住，于是需要从自己的家搬到出租房，但物品量超出了小户型空间的承载力。这个 80 平方米的出租房是他们未来两年的过渡用房，在采购收纳用品时需要考虑两年后这些收纳用品是否可以搬至装修好的房子里使用。整理师在进行物品筛选、打包入箱、空间改造、物品复位时都需要慎重考虑。

入住需求

- 打包时，留出一定的行动空间，满足一家三口暂时居住的需求。
- 生活必需品的收纳应做到分类明确，易拿取、易归位。
- 租住的房子不会长久使用，应充分利用每个空间，即使是那些不经常使用的物品也应该收纳好。

解决方法

- 将一家三口的生活空间留出来再打包。
- 租住的房子不需要添置太多家具，选用简易衣架即可，既省钱又不占空间。
- 充分运用空间折叠术，将空间进行最大化利用。

主卧衣柜

搬家前，一家三口每天仍需要在原卧室居住，但打包完的纸箱有二十几个，既要安置这些大纸箱，又不能挡着三个人来回走动。这需要测量一下留多少空间合适，将纸箱一个挨着一个放置，充分利用每一寸空间。将纸箱搬至租住的房子后，按照标签拆箱。因为佳姐一家在这里只是暂住两年，而且空间有限，所以整理师没有规划衣柜空间，利用简易衣架悬挂衣服即可。

上墙衣帽架加固　百纳箱收纳

衣服陈列效果

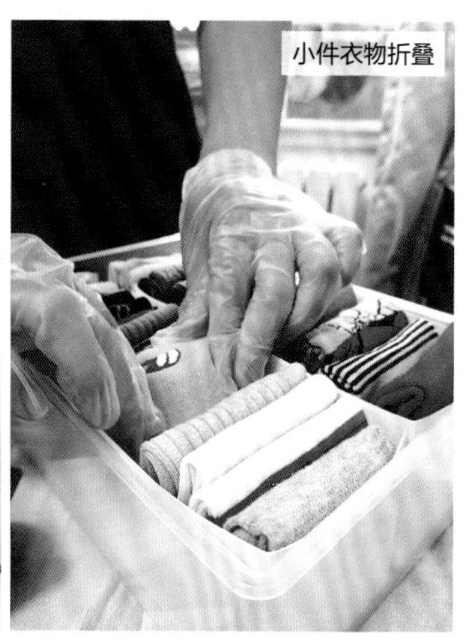
小件衣物折叠

打包和整理 Tips

1. 将打包好的纸箱靠墙摆放，不可叠放得太高，以免发生危险。
2. 在空间不足的情况下，舍弃传统衣柜，利用简易衣架可节省更多空间。
3. 用百纳箱收纳换季和不常穿的衣服，贴上标签，方便寻找。
4. 当季衣服尽量悬挂起来，并且按照类别悬挂。

收纳柜

在进行收纳柜的整理收纳时，可以运用空间折叠术将各种功能整合在一起。首先，整理师在柜体内增加层板，将餐边柜、药柜、零食柜的功能折叠。其次，匹配尺寸合适的收纳用品，将零食的包装拆掉，分类放进收纳盒里，而常用的药品按照功效分类收纳。最后，根据使用者的年龄、身高等将收纳盒放置在方便拿取的位置，而高处放置一些不常用的物品。

收纳柜改造前

收纳柜改造后

收纳柜整理后

这次搬家整理使得佳姐一家轻松实现拎包入住，虽然租住的房子比自己家的房子面积小，但对于他们来说，收纳空间并没有小太多。这让他们意识到，即使住在小面积房子里，也可以实现高品质的生活！

整理师来了

彤彤

整理让生活更美好

- 留存道济南分院湘津团队领队
- IAPO 国际整理师协会会员
- 高级空间管理师、高级整理收纳师
- IAPO 国际整理师协会认证讲师、留存道认证讲师

彤彤于2020年加入留存道济南分院，跟随湘津团队服务了近百名顾客，积累了丰富的整理经验，曾被《山东画报》《山东商报》等媒体报道，并于2022年被留存道整理学院评为“最佳领队”。

柜体改造
解决收纳难题

旧　家	**房屋类型**	三室两厅
	房屋面积	150 平方米
	家庭组成	一家五口（爸爸、妈妈、儿子、爷爷、奶奶）
新　家	**房屋类型**	五室两厅
	房屋面积	388 平方米
	家庭组成	一家五口（爸爸、妈妈、儿子、爷爷、奶奶）

家里的一抹蓝

整理的神奇之处在于你永远无法预判下一个家的样子。

丹丹即将搬入 300 多平方米的精装修房子，房子的布局不需要做太多调整，只需要在现有的房间里增加一些功能型柜子即可满足各空间的储物需求。这次搬家整理，整理师除了需要完成物品在新家的复位工作，还需要完成衣帽间和玩具房的改造，实现实用与美观兼具的作用。

入住需求

- 护肤品、化妆品和发型辅助小工具非常多，需要在梳妆台上给它们安排合适的位置进行收纳。
- 孩子有约 300 辆玩具小汽车，但它们的尺寸和型号各不相同，需要打造一个易复位的汽车乐园。
- 餐厅是家庭成员的高频动线区域，需要进行专业的规划，并且充分利用餐边柜。

解决方法

- 规划专属梳妆台和超大容量的储物空间。
- 在玩具房内规划一组收纳柜体，为玩具小汽车打造专属空间。
- 选择能够匹配餐边柜的收纳用品。

主卧衣帽间

主卧衣帽间的面积是25平方米，其中衣柜的面积占约一半，收纳空间看似很大，实则利用率不高。中部黄金区域有25厘米高的抽屉，虽然方便收纳小件衣物，但下部挂衣区的高度不够，70厘米的高度只适合挂裤装，导致实际使用功能受限，而且包和帽子没有合适的收纳空间。

面对这种情况，规划衣柜空间时，最好结合衣物情况，拆掉衣柜中部的大部分抽屉，为短衣区释放更多空间，悬挂女式上衣。调整后的衣柜，其中长衣区的下部空间有点浪费，为了充分利用空间，同时不破坏衣柜的整体质感，整理师为这个衣帽间定制了嵌入其中的抽屉组合，尽量扩容柜体内部空间。同样的方式被再次运用到旁边的长衣区，从而让挂衣区轻松实现包和帽子的收纳。

衣柜改造前

梳妆台深 47 厘米、层高 50 厘米，如何让其扩容，并且不破坏原来的设计，是一个需要认真思考的问题。

首先，整理师利用亚克力 U 形架将 50 厘米的层高一分为二，这样可以创造立体空间，从而收纳更多物品。其次，定制同样质地的托盘，并配上抽屉滑轨，让收纳在柜子最里面的物品也能轻松拿出来。最后，为整个梳妆台配一套亚克力质地的分隔容器，实现物品的分类收纳。

玩具房

丹丹希望为孩子打造一个玩具房，让他能够拥有属于自己的娱乐空间，从而度过一个美好的童年时光。整理师请柜体定制厂家制作了 11 张层板安装在柜子内，制作成汽车展示柜，这样每一辆玩具小汽车就有了属于它们自己的位置。

通过这次搬家整理，丹丹拥有了一个梦想中的衣帽间，也给孩子创造了一个小汽车的世界。愿在未来的路上，更多人能够通过整理改变原来的生活方式，拥有更便利的生活。

整理师来了

徐京

生活是人生最好的老师

- 留存道成都分院城市院长
- IAPO 国际整理师协会常务理事
- 资深空间管理师、资深整理收纳师
- IAPO 国际整理师协会认证讲师、留存道认证讲师
- 曾服务超 600 个家庭、企业
- 培训职业整理师超 1000 名

徐京 38 岁后决定从工作多年的企业离职，开启属于她的创业之旅。她在从业过程中，见证了整理行业的发展历程，从整理行业不为人知到全网爆红，她经历过低谷，也获得过荣耀，唯有喜爱让她坚持到现在。整理很辛苦，整理也很幸福。她愿意一直挑战自我，不断地走进整理的世界，并努力推动整理公开课走进学校。

整理让心爱之物留存有道

旧　家	房屋类型	三室两厅
	房屋面积	150 平方米
	家庭组成	女主人和父母
新　家	房屋类型	三室两厅
	房屋面积	150 平方米
	家庭组成	夫妻二人

乐乐结婚前一直和自己的父母住在一起，结婚后会与先生一起生活，她需要搬入新家。新家的主卧衣帽间空间有限，乐乐决定将其中一个不常用的房间改为衣帽间，收纳她的衣服、包、护肤品和化妆品，两个衣帽间可以完美解决夫妻二人的衣服收纳问题。

饰品收纳

入住需求

- 男士和女士的衣服分开放置，以陈列为主，尽量不做换季整理。
- 将化妆品和护肤品收纳在衣帽间的梳妆台上。
- 为压变形的包安排一个新的空间存放，以免二次挤压。
- 由于饰品的数量很多，故需要合理放置，达到拿取方便的目的。

解决方法

- 按照人员对区域进行划分，将原来的衣帽间给乐乐的先生使用，而新装修的衣帽间给乐乐使用。
- 考虑乐乐 175 厘米的身高，将陈列区的高度调整为 210 厘米。
- 将包固定陈列在层板区，并在包的内部填充物品，以防变形。
- 将化妆品和护肤品放置在定制分层架上，饰品收纳盒设置为抽屉形式的，方便拿取。

衣服区

打包衣服时先分类再装箱，并在纸箱外贴上相应的标签。新家有两个衣帽间，可按照使用者的使用习惯进行规划，主卧的衣帽间主要放置男士衣服和女士睡衣。根据现有空间和使用习惯，将衣柜里的多宝格拆掉，增加衣杆，改造为挂衣区。

衣帽间整理后

饰品区

乐乐是一个念旧的人，之前用过的包、饰品等都保存得很好，但是收纳不合理。她将所有饰品放在非透明布艺袋里，并且堆放在一个箱子里，导致每次找饰品会浪费很多时间。最好的方式是将所有饰品配对摆放在分隔盒里，这样每次需要搭配什么一眼就能看到，可以节省很多时间。

包区

乐乐没有对自己的包做分类收纳，只是将它们全部摞一起放在柜子里，导致很多包没有得到很好的保护。搬家时，先将所有包放在一起进行分类，再将那些需要搬进新家的包用雪梨纸填充内部，最后打包装箱。那些留在父母家的包可以按照颜色、款式等分类，依次摆放在衣柜里。

护肤品和化妆品

很多女孩家里备着不少护肤品和化妆品，但又没有合适的收纳方法，经常将它们一股脑儿地摊放在梳妆台上，而且搬家时也不知道如何打包、装箱。其实这类物品的收纳方法很简单，先将护肤品和化妆品分类，再运用竖式收纳法用防压泡沫袋打包，放入厚纸箱，最后在纸箱外贴上标签。搬入新家后，将常用的依次摆放，暂时不用的收纳在储物柜里。

很多人之所以提到搬家就“一个头两个大”，是因为没有理解搬家整理的逻辑。从搬家前的分类打包，到针对新家各区域的空间规划，再到空间缺陷改造，最后完成所有物品的定位收纳，都需要提前准备，这样就会发现搬家并没有想象得那么难。

整理师来了

杰子

整理一个家，链接一个朋友

- 留存道深圳分院城市院长
- IAPO 国际整理师协会常务理事
- 资深空间管理师、资深整理收纳师
- IAPO 国际整理师协会认证讲师、留存道认证讲师
- 整理服务面积超 100 000 平方米，2018—2022 年连续 5 年获得留存道服务冠军
- 多家知名企业特邀讲师

留存道深圳分院成立于 2018 年，是留存道首家由院长直接授权的分院。创始人杰子和乔小米是深受学员和客户喜爱的“创业整理师姐妹花”。留存道深圳分院自成立以来，已开设职业整理师课程超 60 期，培养了来自全国各地的整理师超 1000 名，服务的内容包括搬家整理、全屋整理、亲子整理、办公室整理等，是诸多流量博主的御用整理师团队。她们曾多次参加整理收纳类综艺节目，也接受过多家媒体的采访。

走近整理美学

旧　家	房屋类型	三室两厅
	房屋面积	120 平方米
	家庭组成	一家六口（爸爸、妈妈、姐姐、弟弟、爷爷、奶奶）
新　家	房屋类型	四室两厅和一个保姆间
	房屋面积	388 平方米
	家庭组成	一家六口和两个阿姨（爸爸、妈妈、姐姐、弟弟、爷爷、奶奶、住家阿姨、小时工阿姨）

整理收纳主要解决的是物品找不到、放不下、易复乱的问题。

静静是一个爱生活、爱家庭、爱孩子的女士，年轻时为生活打拼，步入中年后开始享受生活，于是在条件允许的情况下决定搬到更大的房子里居住。

手办陈列

入住需求

- 需要为各个成员设置独立的生活空间。
- 需要有足够大的亲子陪伴空间。
- 需要一些温馨的家庭休闲空间。

解决方法

- 将家庭成员以单位划分为夫妻二人、爷爷和奶奶、姐姐、弟弟、住家阿姨，并为每个单位的成员规划属于他们的独立空间。
- 将客厅的一部分空间设置为儿童游戏区。
- 根据房间的类型设置一些休闲区，比如咖啡区、按摩区、娱乐区、亲子阅读区。

客厅和玄关的秩序美

在有条理的整理收纳过程中，将物品进行统一收纳，类型相同的物品采用竖式收纳法放置在同一个拉篮里，这样不仅拿取方便，还会体现秩序美。

玄关柜整理前

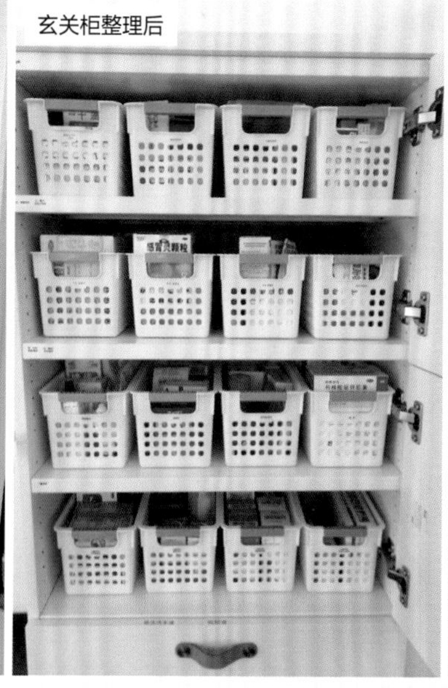
玄关柜整理后

玄关整理后

客厅整理后

留白

在整理收纳的过程中适当留白。收纳的主要功能是实用，目的是将物品运用合适的收纳方式收纳在储物空间中，但在实现便于拿取的功能时还应考虑美观性。留白不仅使房间看起来更舒适，还能留出一定空间进行更多操作。

标签管理

存与取

整理收纳的存与取是将物品合理地收纳在便于拿取的位置，缩短动线，让物品在空间中有合理的秩序感。

“露二藏八”原则

“露二藏八”原则是整理收纳的黄金法则。放在外面的物品遵循的是秩序美和留白的原则，通常放置的是生活中高频次使用的物品。小件零碎物品可“藏”起来，放置在相应的收纳盒中，做好标签管理，达到可视化的一步式拿取的目的。

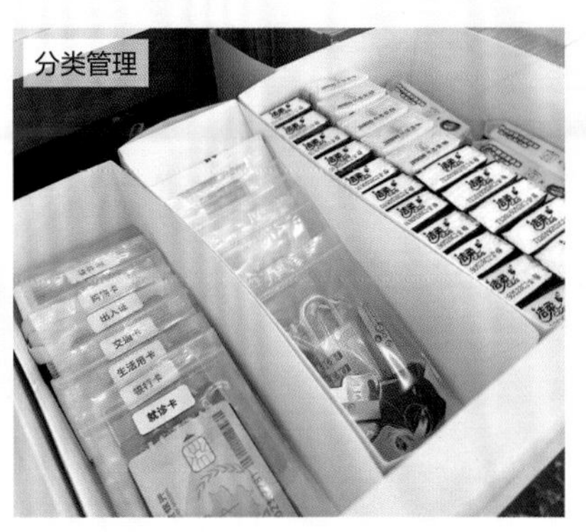

分类管理

衣柜整理的色彩美

进行衣柜整理收纳时，尽量在空间充足的情况下将全部衣服悬挂起来，可按照颜色由浅到深的原则。此外，大件衣服悬挂时可用色彩法、间隔法、彩虹收纳法、定位法、主题法等。那些需要折叠的小件衣物可用易复原的折叠方式收纳进分隔盒。小件衣物按照由大到小、颜色由浅到深、合并再收纳的原则收纳。

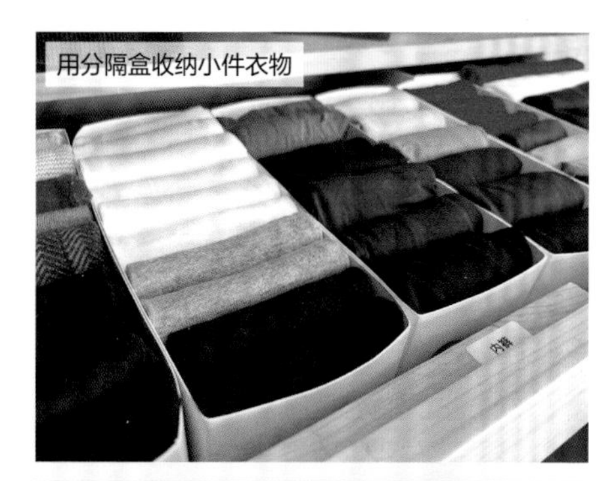
用分隔盒收纳小件衣物

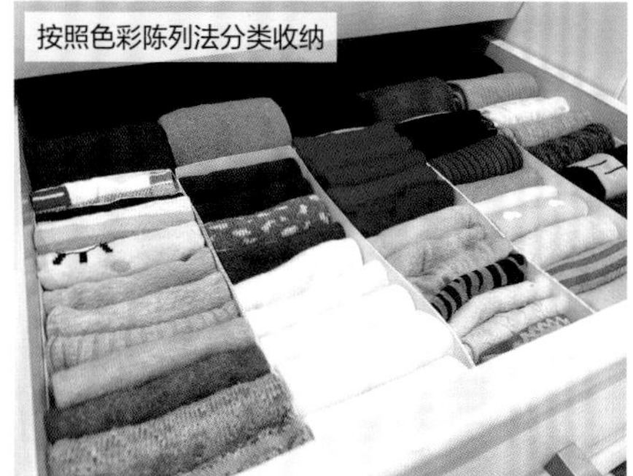
按照色彩陈列法分类收纳

衣服按照颜色由浅到深的方式悬挂

衣柜整理前

衣柜整理后

玩具整理的层次美

玩具可以按照相同主题、相同套系或者关联场景进行陈列。此外，陈列时可以利用适当的收纳用品让物品在协调统一的基础上打破平面结构，呈现一定的层次感。

玩具展示

适当的陈列是一种美的体现，居室环境与家具的美感，家具的摆放与陈列，物品的整理与收纳，皆在无声中影响与塑造我们对家的感知。一种新的生活方式也许就是从搬家打包开始的，当你结束新家的整理工作后，你可以在自己的新家中感受生活的美好。

整理师来了

于芳俪　张俪匀

- 留存道北京分院城市院长
- IAPO 国际整理师协会常务理事
- 资深空间管理师、资深整理收纳师
- IAPO 国际整理师协会认证讲师、留存道认证讲师
- 北京市西城区关爱儿童共建单位特聘合作讲师
- 知名博主御用整理顾问
- 整理服务面积超 100 000 平方米，培养职业整理收纳师超 300 名

留存道北京芳俪和俪匀团队成立于2018年。团队走入上千个家庭，客户包括明星、政界人士、博主、商业大咖和普通人士。她们为每一位客户打造有效的整理逻辑系统，秉承留存道改变一代中国家庭的生活方式，为客户传递一种不将就的生活态度。

家居的陈列之美

旧 家	**房屋类型**	两室一厅和一室一厅
	房屋面积	110 平方米和 80 平方米
	家庭组成	一家四口（姥姥、姥爷、女儿、外孙）
新 家	**房屋类型**	三室两厅
	房屋面积	280 平方米
	家庭组成	一家四口（姥姥、姥爷、女儿、外孙）

小李的爸妈过完年需要搬家，小李想和孩子一起搬过去与父母同住，但一想到搬家就崩溃，原因之一是很多细节需要考虑，仅搬家前需要准备的物料就有十几件，壁纸刀、记号笔、胶带、美纹纸、气泡膜、保鲜膜、纸箱（大号、中号、小号）、工具箱（钳子、电钻、一字刀）等，每一件都要考虑周到。

入住需求

- 需要让老年人接受并适应新的整理方式。
- 这次搬家是两家合并成一家，且中间有三个月的时间差，除了要考虑空间的利用率和动线，还需要体现陈列美。

解决方法

- 装修期间即进行储物空间扩容规划，充分利用零散的异形小空间。
- 从物品打包装箱、旧家交付到新家拆包、各空间整理等，都应注意搬家现场的整洁及秩序。

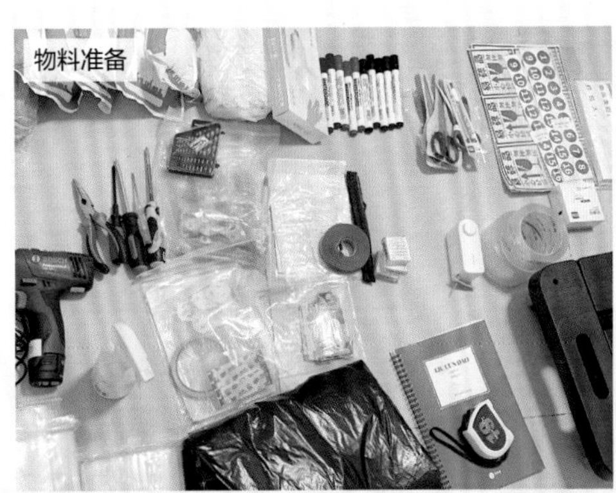
物料准备

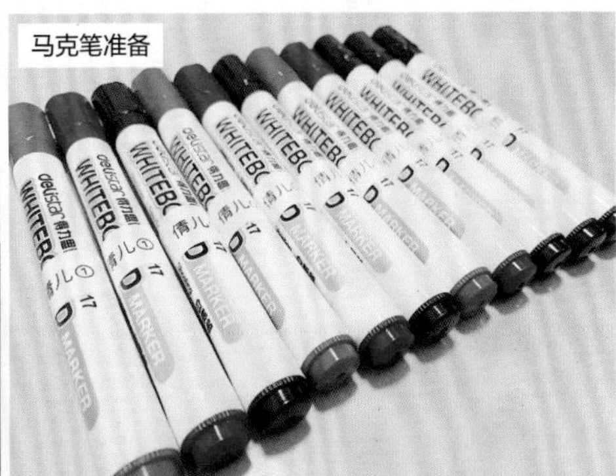

马克笔准备

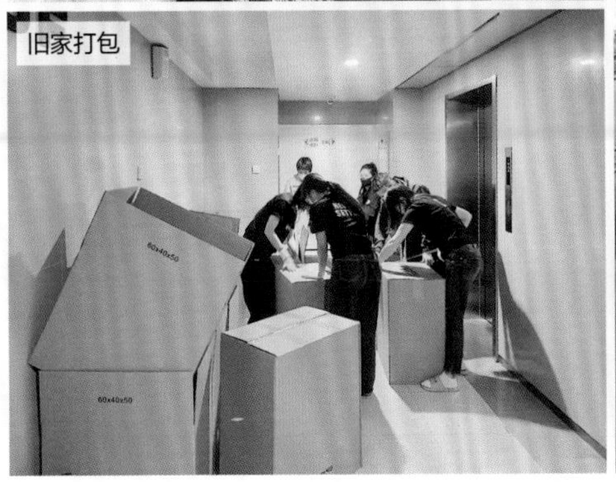
旧家打包

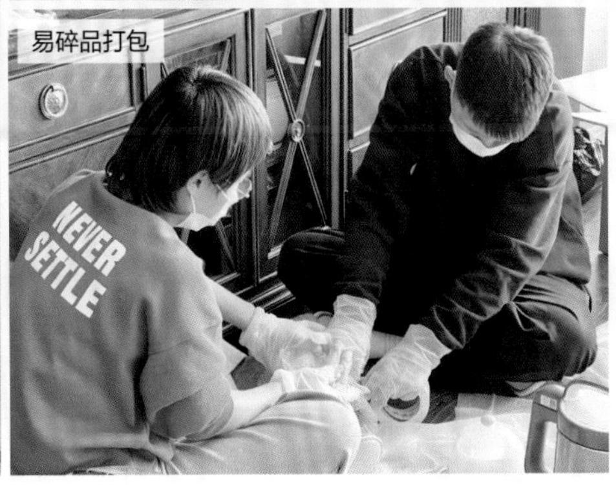

易碎品打包

搬家打包 Tips

- 搬家前，列一个清单，这样在准备物料的过程中不会出现遗漏或丢失的情况。
- 打包时分工合作：男士负责装箱、封箱和搬运重物；女士着重进行细小物品的分类、打包。从衣柜的一衣一袜到厨房的一杯一碗，再到卫生间的一瓶一罐，都先分类再打包，这样搬入新家后可轻松实现复位。
- 注意，逐一检查食材、药品、护肤品的保质期，做好易碎品的防护工作，开封的瓶罐先用保鲜膜封口再入箱。

旧家收尾

新家整理

客厅

客厅是全家的公共活动区域，每个人都可以根据自己的审美将客厅装饰成想要的样子。小李是一个非常有艺术感的女孩，她在阳台上摆放一些绿植，在客厅墙上挂了一些装饰画，再加上摆放的中式家具，整个客厅充满了文化气息。

装饰墙

客厅整理后

厨房

厨房的装修是近年来比较流行的极简风格。整理师结合小李家人的使用习惯、物品类型和数量进行分类整理，打造了一个干净漂亮的厨房。

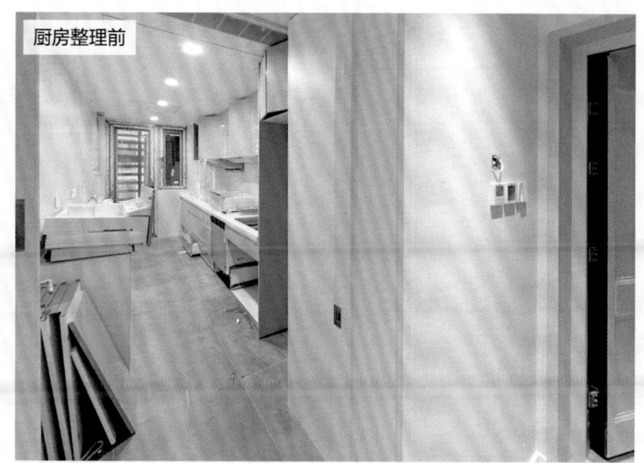
厨房整理前

厨房整理后

餐具陈列

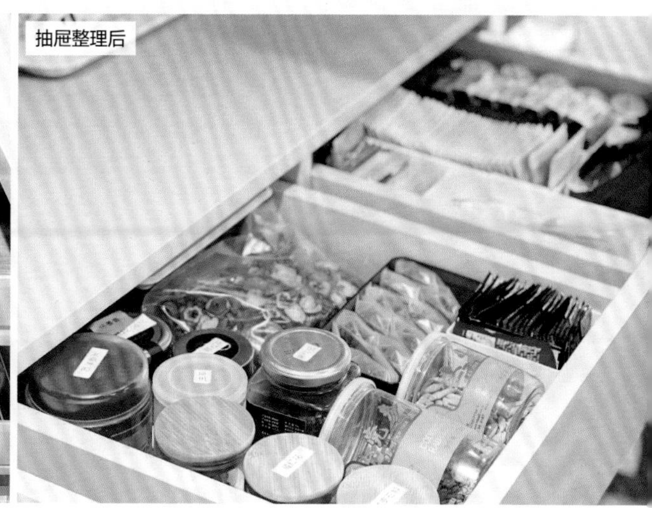
抽屉整理后

餐边柜

餐边柜可按照功能分区，主要收纳茶叶、茶杯、零食、饮品等。鉴于烤箱已安置在餐边柜附近，可将与烘焙相关的器皿及耗材也收纳在这里。茶叶按照已拆封的和未拆封的分类，并且按照动线就近收纳。就餐的相关小工具如牙签、牙线、开瓶器等小件物品以抽屉收纳为主。

层板区整理后

餐边柜整理后

卫生间

卫生间的“隐藏式”储物柜可以很好地实现视觉上的整齐感。在储物柜里，干湿纸巾应有序排列。在储物柜外，台面上可放置一瓶绿萝。经过这样整理，彻底告别了卫生间“乱中带湿”的压抑感，使得卫生间看起来清爽、干净、整洁。

储物柜内部　储物柜外部

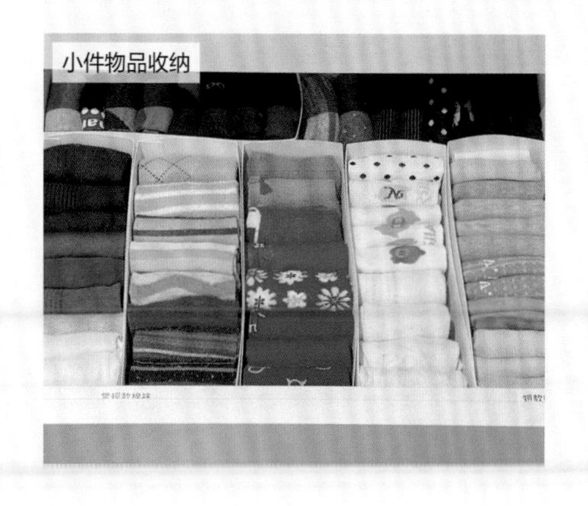

整理看得见的物品，改变看不见的世界。整理的意义是让家人快乐地生活，安心地工作。

整理师来了

哈哈倩儿

在有限的空间过无限的生活

- 留存道北京分院城市副院长
- IAPO 国际整理师协会北京分会理事
- IAPO 国际整理师协会认证讲师、留存道认证讲师
- 全国新职业整理收纳师技能大赛天津赛区评委
- CCTV1《开讲啦》特邀整理行业青年代表
- 法国电视台 TF1 整理专访领队

哈哈倩儿从业 4 年，培训学员超 150 名，提供定制化家庭或企业整理服务超 200 项。她是北京新闻广播、保定交通广播、《保定晚报》等媒体特邀嘉宾，是金融机构特约讲师，也是各企业邀请的收纳主题分享讲师。

搬家前的准备

搬家，对于现在的人们来说，不仅是从这个位置移动到那个位置，更是迈向新生活的契机。四箱书籍，五箱玩具，六箱衣物，将所有纸箱搬入新家，一个一个地拆开，重新整理，一切都将重新开始。

然而搬家并不是一件简单的事。一说到搬家，很多人的脑海里会迅速浮现出搬家时的凌乱场景：衣柜里满满当当的衣服和杂物；玄关柜里大小不同的鞋靴和防疫用品；厨房里各种锅碗瓢盆、调味品以及杯子；卫生间里各种各样的护肤品；客厅电视柜里各种电子设备、零碎物品；各个房间到处都有的玩具。面对这么多东西，大部分人不知道从哪里下手。如何选择省心省力的搬家公司？如何避开雷区买到性价比高的物料？在何处能够买到高质量的物料？所有这些问题都很棘手。

搬家的物料准备

“工欲善其事，必先利其器”。在搬家过程中，有时会出现家具磕碰、贵重物品丢失、玻璃制品碎裂等意外情况，为避免这些情况发生，可利用各种型号的纸箱、保护膜、气泡袋、胶带、记号笔、标签等进行防护。除此之外，一些小工具如胶带切割器也有一定作用。

纸箱和纸箱内膜袋

纸箱看似普通，却是搬家过程中必不可少的物料。好的纸箱有两个特点，韧性好和自重轻。为了避免搬家过程中出现物品损坏的情况，最好使用专业的瓦楞纸箱，它们不仅牢固，而且自重也较轻，适合人工搬运。在将物品放入纸箱前建议铺一个纸箱内膜袋，不仅能保护衣物不被磨损，还能起到防潮的作用。

打包比较轻的物品时尽量用大号纸箱，建议尺寸为65厘米×55厘米×50厘米，可放置衣柜的衣服和床品、玄关柜的鞋和包、电视柜的电子产品、厨房的食品和锅具等。

打包比较重的物品时尽量用小号纸箱，建议尺寸为50厘米×40厘米×30厘米，可放置书籍、化妆品、易碎品、清洁用品等。

打包体积大但比较轻的物品时尽量用中号纸箱，建议尺寸为50厘米×40厘米×60厘米，可放置拼装好的乐高等。

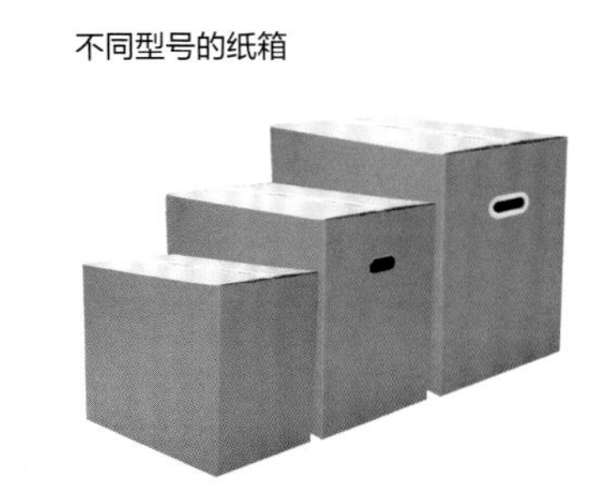
不同型号的纸箱

纸箱内膜袋

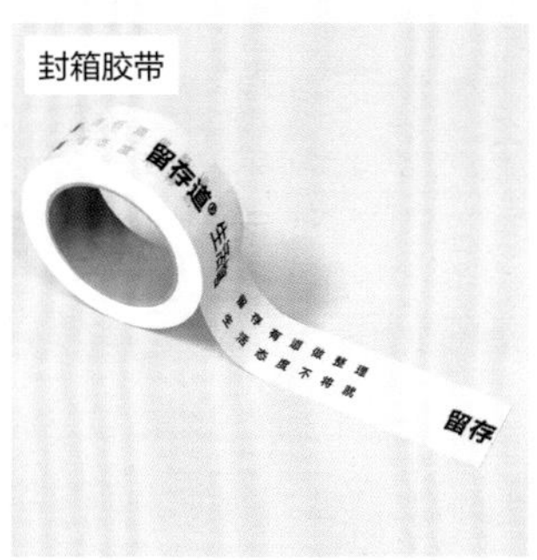

封箱胶带

密封袋或 PE 首饰收纳盒

搬家时，那些零碎小物品该如何收纳呢？如果将它们一股脑儿地塞进纸箱里，则容易出现磕碰或丢失的情况。这时可以将首饰放进密封袋集中收纳。若遇到项链或手链等容易缠绕在一起的首饰，则可以选择 PE 首饰收纳盒收纳。

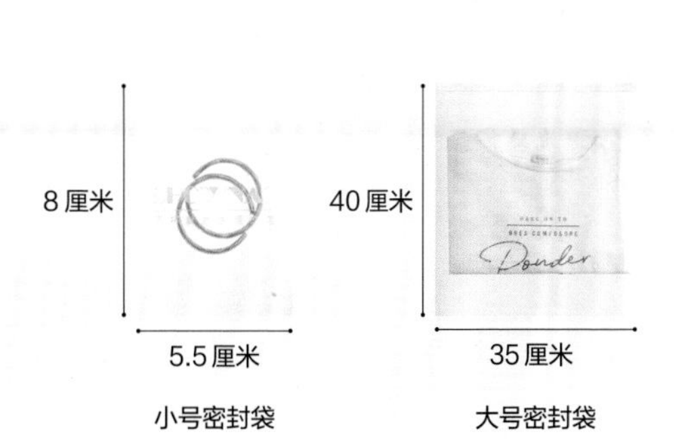

小号密封袋　大号密封袋

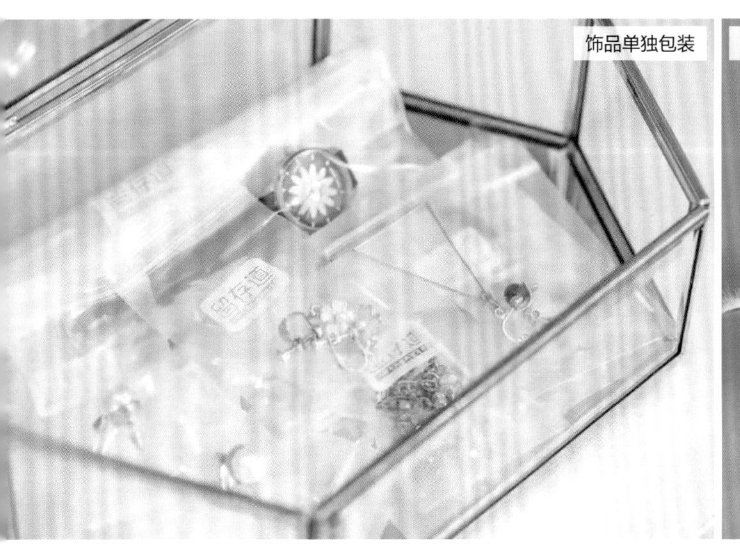
饰品单独包装

PE 首饰收纳盒

气泡膜和气泡袋

气泡膜是搬家的必备物料，不管是沙发、椅子、茶几还是冰箱、空调、电视机，甚至钢琴，打包时都离不开它。先将家具和电器的表面用气泡膜包裹起来，再用一条宽大的胶带缠绕固定，这样搬运时可以起到很好的缓冲作用。

气泡膜也有薄厚之分，质量好的气泡膜是什么样的呢？透明度高、看起来光滑的、气泡完整的、闻起来无味的属于质量较好的气泡膜。大件物品打包时可以选择大卷气泡膜，小件物品打包时建议使用气泡袋。

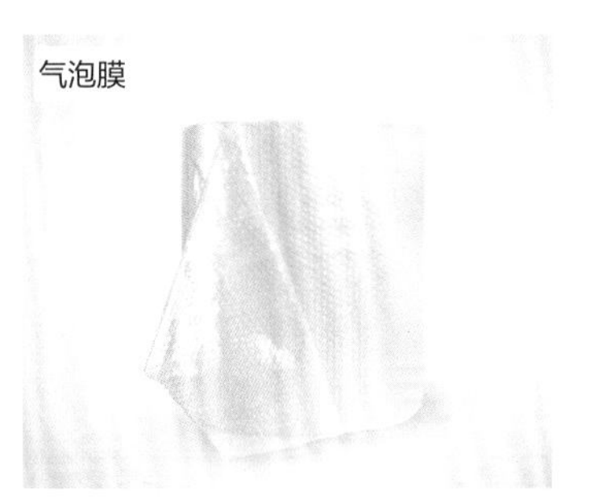
气泡膜

气泡袋

雪梨纸

雪梨纸在生活中随处可见，它们可填充在鞋盒中，也可用于包装礼物。这种类型的纸在搬家过程中有什么作用呢？

1. 将其揉作一团，填充在包、鞋等物品中，作为填充物，可防止包和鞋因挤压而变形。
2. 将其包在易掉色的日用品或者易刮花的物品表面，可作为保护纸使用。

雪梨纸

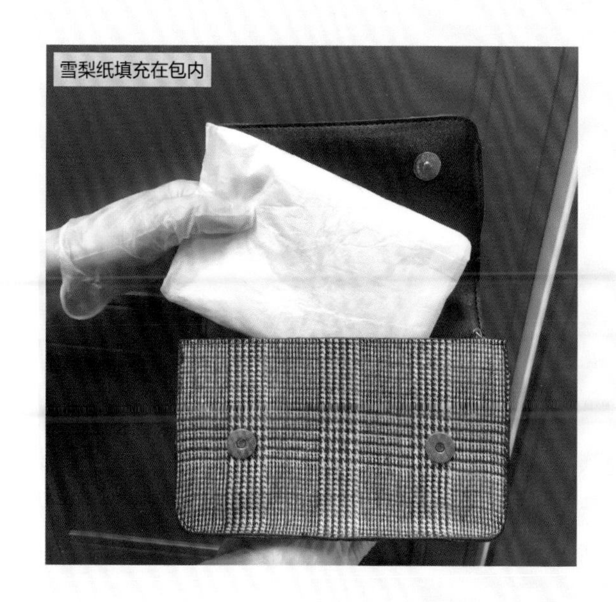

雪梨纸填充在包内

环保 PE 缠绕膜

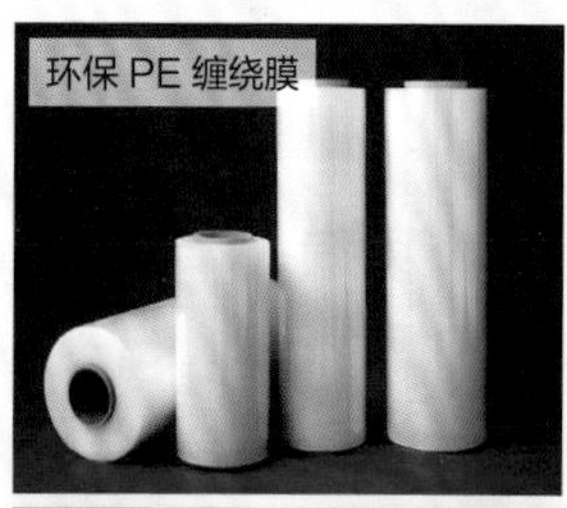

环保 PE 缠绕膜

这个其貌不扬的东西蕴含着不小的能量。虽然它看起来像保鲜膜，但具有保鲜膜没有的作用，可防水、防穿刺、防刮花，还能起到固定的作用。

为了防止家具在搬运途中被刮花，可将其表面用环保 PE 缠绕膜包裹；为了节省一些纸箱，可以将 4~5 个鞋盒或者包盒叠加起来，用大卷缠绕膜缠绕，单独搬运；可以把带抽屉的塑料盒叠加 3~4 个，用缠绕膜缠绕，防止抽屉滑出；一些开封的食品、化妆品以及清洁用品可用小卷缠绕膜密封，防止其渗漏，再用气泡膜打包，进行双重保护。

纸箱外贴上标签

防漏件便签

搬家过程中最担心的是丢件。为了防止搬运过程中出现遗漏纸箱的问题，可在纸箱外右上角贴上标签，注明纸箱内的物品和新家放置的区域，标上序号。搬上车的时候清点一遍纸箱数量，到达新家后再清点一遍，确保万无一失。

搬家助力神器——万向轮

沙发、冰箱等大型家具搬运十分费力，但利用万向轮可节省很多力气。只需将万向轮放在较重的家具底下的四角，即可轻松实现移动。

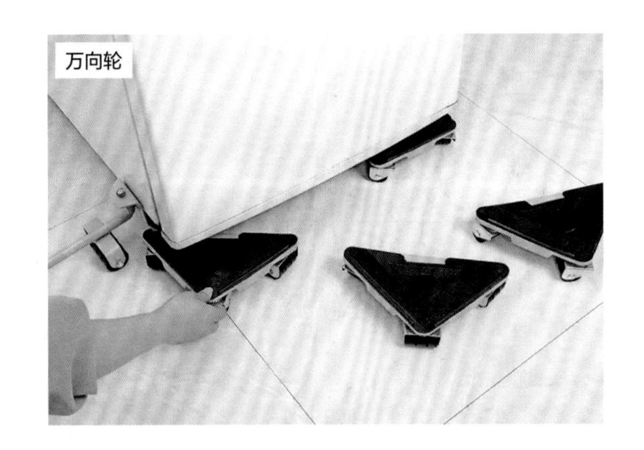

搬家公司的选择

对于大多数人来说，找搬家公司是件很苦恼的事情。大部分搬家纠纷和烦恼是由搬家公司不靠谱导致的。搬家公司的选择可从以下几个方面考虑。

1. 公司口碑如何。对于搬家这种业务来说，公司的知名度和客户的评价是非常重要的。良好的口碑和客户基础决定了搬家公司的服务品质。一定要找规模和实力较大的搬家公司。

2. 价格是否公开透明。搬家公司若没有报价标准，则不要选择，可能会出现坐地起价的情况，比如大件物品搬运费、拆装费、平地搬运费、等待费等。

3. 售后是否有保证。一般情况下，以上两条都能实现的搬家公司在实际作业过程中出现意外情况的概率极低。但万一在搬家过程中出现物品破损的情况，一定要确认是否有相关售后人员解决问题。

4. 服务前有无进行详细沟通。优秀的搬家公司在搬家前会通过电话详细了解客户的物品情况和实际需求，进行初步评估，以便合理地安排人员、车辆和打包物料，并且确定搬家路线以及搬家时间。遇到特殊情况，搬家服务人员还会上门评估，与客户进一步沟通，按需制订搬家方案，以确保搬家工作顺利开展。

搬家打包 Tips

1. 为了不影响正常生活，搬家过渡期内需要换洗的衣物和每天需要用的护肤品及药品可打包在一个行李箱内。
2. 打包衣服时，深色和浅色的衣服中间需要用雪梨纸隔开，以免浅色衣服被染色。
3. 打包食品、药品、化妆品等物品前需要查看一下日期，将过期的处理掉、临期的做标记。
4. 在每一个纸箱外贴上标签，注明内装物品，以便搬入新家后可以第一时间找到需要优先拆包并使用的物品。
5. 在装易碎品的纸箱外的每一面贴上易碎标签。
6. 与小区物业确认一下，搬出旧家小区时是否需要出门凭证，搬入的新家小区的地下车库限高是多少，确保搬家车顺利通过。

整理师来了

媛媛

- 留存道首席整理收纳师
- IAPO 国际整理师协会理事
- 资深空间管理师、资深整理收纳师
- IAPO 国际整理师协会认证讲师、留存道认证讲师
- 整理服务超 200 个家庭、培养整理收纳师超 300 名

媛媛于 2018 年 10 月接触留存道的整理服务理念，从此被留存道的价值观所吸引，她于 2019 年初毅然辞去高薪、稳定且舒适的会计工作，成为留存道服务部的一员。她凭借在会计行业中磨炼出的谨慎、细心等特性，很快成为留存道服务部负责人。媛媛一直秉承这样的理念：用自己的真心换取客户的信任。

搬家的原则是，舍弃的或者不再需要的物品尽量不要搬入新家。

传统的搬家打包是一股脑儿地将所有物品塞进袋子里或纸箱里运往新家，然后在新家把这些物品拿出来塞到柜子里。久而久之，杂物越积越多，柜子越塞越乱，完全没有秩序感可言。

要达到井然有序的目的，就需要做旧家物品的筛选和分类，建议按照以下几个步骤进行。

1. 铺整理布：在空地上铺一块干净的布。

2. 清空柜子：将柜子清空，同类物品放置在同一块整理布上，比如，男士的衣服放在一起，孩子的玩具放在一起，等等。

3. 筛选：将不需要的物品筛选出来，分类装进不同的箱子里。

4. 分类：将需要的物品独立打包，比如衣柜里的物品可以分为上衣、裤子、内衣裤、袜子、床品等，将它们各自打包。

5. 装箱、封箱：先将物品装好再封箱。

6. 标注：在纸箱外贴上标签，注明物品类别、归属空间、注意事项等。

7. 标序：在纸箱外标明序号，以防搬家公司在搬运过程中遗失物品。

旧家物品应先筛选分类再打包，不仅可以减轻搬运重量，提高搬运效率，还方便快速复原新家。

除了常规物品，一些需要特殊照顾的物品应格外注意。

1. 易碎品：打包玻璃制品、陶瓷制品等易碎品时要格外注意。单个物品单独打包，并做好内部填充和外部防碎处理，一般可用雪梨纸填充，气泡膜包裹。

2. 冷冻冷藏食品：从冰箱里取出的物品需要在搬运过程中进行保温处理以防食品变质。一般用保温袋包装，纸箱内放入冰袋的方式打包。

3. 贵重物品：贵重的金器银饰可单独打包，最好自己运送，不要委托搬家公司。

4. 书籍：书籍比较重，可用体积较小的纸箱分多箱打包。

旧家物品的打包需要较高的精细化程度以保证物品在运输过程中的完整性，因此使用的物料、包裹的方式等都需要特别注意。

CHAPTER 3

第三章

旧家物品打包与搬运

将整个厨房搬入新家

让餐具不再磕磕碰碰的打包术

家庭的健康藏在冰箱里

带着美酒向未来

为玄关摆件打造移动且安全的家

鞋子的优雅迁徙

值得保留的包包帆布袋

衣物打包有技巧

化妆品和饰品的保护魔法

用书籍打造“黄金屋”

电子产品防磕碰的诀窍

家庭药品要分类整理

将整个厨房搬入新家

旧 家	房屋类型	三室一厅
	房屋面积	145 平方米
	家庭组成	夫妻二人
新 家	房屋类型	三室三厅
	房屋面积	280 平方米
	家庭组成	夫妻二人

食材收纳

Nona因工作调动，需要搬到另一个小区居住。她经常搬家，一年内已经搬了两次家。每一次搬家，她都会断舍离一部分东西，唯独厨房的食材，她会一样不落地从一个家搬到另一个家，因为这些食材里藏着妈妈对她的爱。她每一次在厨房煲粥、熬汤、做早餐时都会想起妈妈。

入住需求

- 需要在两天内搬入新家，因此新家的卧室、卫生间等急需使用的地方应提前整理好。
- 预留近三天内需要使用的日常用品，如衣物、鞋、洗漱用品、水杯、电水壶等。
- 厨房的食材统一收纳，不仅整洁，而且密封性好，可确保食材卫生。

解决方法

- 近三天需要穿的衣服和需要使用的日用品提前备好，单独打包装箱，并在纸箱外贴上标签，以便搬入新家后优先拆箱。
- 一些常用物品集中打包在一起，纸箱外的标签也统一标识，待搬入新家后放在一起，以便快速找到。
- 厨房的物品数量较多，而且容易损坏，将物品包裹严实，可以确保万无一失地将它们搬入新家。

厨房食材的整理打包

整理分类。清空储物柜，将所有食材拿出来分类，如分为五谷杂粮、调味酱料、速食品、南北干货等。将目前正在使用的食材集中放在一起，统一装箱，贴上标签，便于搬入新家后快速找到，实现入住当天即可做饭的需求。

食材分类

筛选食材

按照食材的新鲜程度进行筛选。食材可以分为过期的、临期的、保质期内的。搬家前应对所有食材进行清点，注意它们的保质期和新鲜度。将过期的食材装进垃圾袋，临期的食材用贴纸做标识，装进另外的食品袋及纸箱里。

干货五谷杂粮的打包

这类物品打包的原则是密封包装并打包装箱。将这类食材装入食品级密封袋，不需要更换包装袋，在搬家前做好分类及存储时的收纳工作即可。对于已开封的食材，可更换包装后放入密封袋中，并在密封袋外贴上标签，标明保质日期，也可以将原包装盒上有日期的那一栏剪下来贴在密封袋外，这样搬入新家后直接放进橱柜里即可，从而节约整理时间。

五谷杂粮的收纳

调料瓶的打包

这类物品是厨房区域打包的重点和难点。调料瓶、酱料罐等需要用专门的打包物料打包。酱料瓶可用防撞气泡膜或者气泡柱一个一个地包装好。已开封的需要用宽约 6 厘米的缠绕膜把开口处缠绕起来，再包进气泡柱里。记住，一定要多缠绕几层，以防渗漏。

厨房食材及物品打包 Tips

1. 同类物品集中放置在一起，便于筛选。单个物品单独包裹，并用封箱带固定，以免散落。由两个零部件组成的物品可分别打包，但装进纸箱时放在一起，编上序号，如“铸铁 2-1”。
2. 由多个小配件组成的物品可先单独打包小配件，再装进主体内；小配件可以装进密封袋统一收纳，也可以单独打包并用袋子统一收纳。
3. 注意保持干净卫生。食材必须密封好，并且装进结实的袋子里，以防搬运过程中出现破损的情况。
4. 注意防潮。务必将食材装进密封袋里，并且在纸箱里放置防潮袋。
5. 对于容易破损的物品，装箱时需要在纸箱底部铺一层保护膜，四周用硬纸板固定，待放入一层物品后，在其上面盖两层保护膜，再继续放入物品，依此类推，最后在表层放置保护膜及硬纸板。

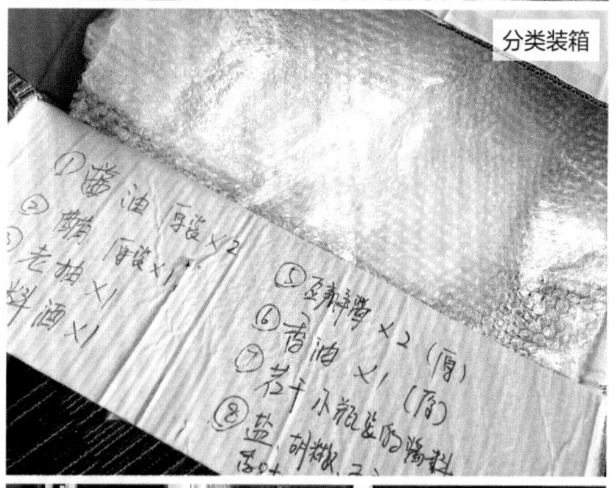

据统计，我国每个人一生中平均经历10.12次搬家，不少人把搬家列为最头疼的事情之一。的确，很少有人喜欢搬家，但环境改变、工作调动、孩子上学等迫使我们不得不面对搬家。但找到适合自己的方法，搬家就不会成为一件让人苦恼的事。

整理师来了

Nicole

整理没有正确的方法，
只有适合的方法

- 留存道上海分院晴旎团队运营负责人
- IAPO 国际整理师协会上海分会理事
- 资深空间整理师、资深整理收纳师
- IAPO 国际整理师协会认证讲师、留存道认证讲师
- 科勒中国全屋定制收纳顾问
- 入户整理超 300 个家庭、整理收纳长度超 2000 延米、经手整理的物品价值超 100 000 000 元

Nicole 于 2019 年全职从事整理收纳工作，她一直保持对整理收纳的热爱和敬畏。她是 Kakakaoo、仇仇 qiuqiu、墨菲等百万博主的御用整理收纳师，也是多个品牌的御用讲师。她开设整理课程约 30 期，培养整理收纳师约 300 名，开设线下、线上沙龙近 50 场。

让餐具不再磕磕碰碰的打包术

旧 家	房屋类型	三室两厅
	房屋面积	130 平方米
	家庭组成	一家四口（爸爸、妈妈、姐姐、弟弟）
新 家	房屋类型	四室两厅
	房屋面积	150 平方米
	家庭组成	一家四口（爸爸、妈妈、姐姐、弟弟）

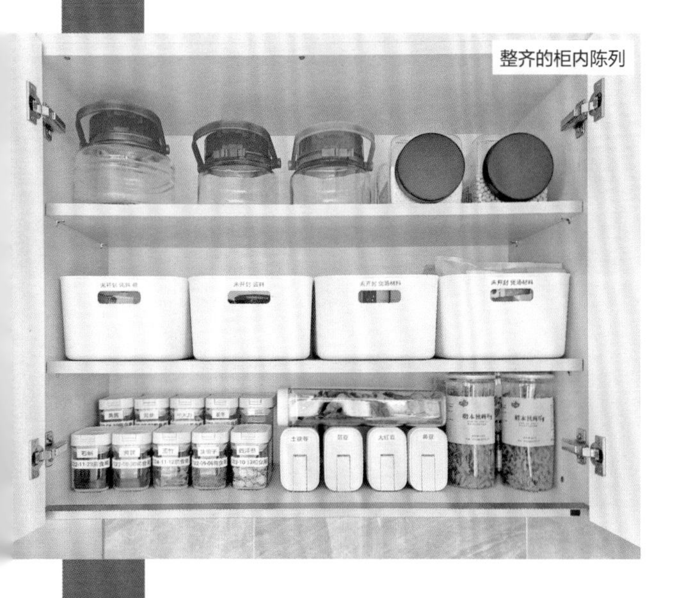
整齐的柜内陈列

丽姐的两个孩子都上小学了。她为了给孩子们创造一个整洁有序的成长环境，培养他们独立自主及管理物品的能力，特意搬家到两个孩子的新校区附近，于是开启了一趟跨区搬家整理之旅。

入住
需求

- 打包时，碗盘等易碎品应包裹严实，搬入新家后对其进行合理收纳，厨房食品做可视化收纳。
- 新家和旧家相距约 1 个小时车程，路途较远，应合理打包冰箱里的冷冻食品。
- 在儿童房新增书桌，设置学习区；对儿童衣柜进行扩容，增加收纳空间。
- 衣柜的整理收纳最好能够做到不用换季整理。

解决
方法

- 搬家时，用气泡膜打包碗盘等易碎品，避免磕碰。干货食材搬入新家后做可视化收纳。
- 利用保温袋和冰袋打包冰箱里的冷冻食品，防止其在搬运途中变质。
- 为两个孩子规划各自独立的房间，并且新增衣柜、学习桌等相关家具。
- 整理衣柜时，尽量将当季衣服全部悬挂起来，避免折叠收纳。

厨房

厨房是家里最有烟火气的地方，我们精心准备健康的食材，烹饪美味的食物，就是为了能够慰藉忙碌一天的家人。然而，厨房似乎总是那么凌乱，难以收拾。这时，厨房物品的打包、搬运和收纳显得尤其重要。厨房收纳需要注意的问题：碗碟可见，方便拿取；食材分类陈列，可视化收纳，避免因“看不见”“找不到”而出现过期的问题；冰箱里的冷冻食品妥善打包和搬运，搬入新家后及时放入冷冻区。

厨房整理收纳 Tips

- 碗盘等易碎品用气泡膜包裹，防止磕碰。
- 打包前查看一下各类食材的保质期，将过期的筛选出来。
- 食材按类别进行分类，如五谷类、干货类，并且进行可视化收纳。
- 已拆封的和常用的食材放在方便拿取的位置，囤货类食材收纳在高处。
- 冰箱里的冷冻食品在运输时可放置在保温袋和冰袋里，以免变质。

碗盘区收纳

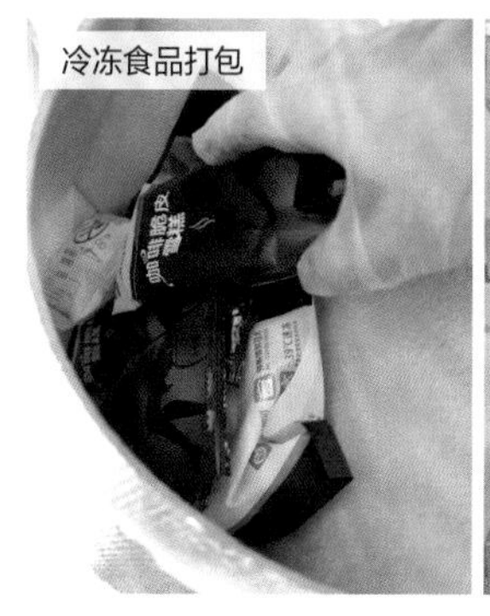
冷冻食品打包

冰箱整理后

儿童房

新家的儿童房中没有书桌和书柜，儿童衣柜也只有一个。在这种情况下，整理师根据房间的风格，将配有粉色公主风衣柜的房间安排给姐姐，另外一个空置的房间在新增衣柜后安排给弟弟。

所有衣服按照季节和类别分类，换季衣服用百纳箱收纳，并在可视窗口贴上标签，方便做换季整理。当季衣服全部悬挂起来，这样可节约折叠衣服的时间，而且方便孩子自己进行归位。

另外，考虑两个孩子均已进入学龄期，需要各自独立的学习空间，整理师为两个儿童房配备了相应的书桌和书柜，这样他们在放学后可以回各自房间写作业，休息时在客厅一起看电视或玩耍。这样的安排可以让两个孩子既有各自独立的空间，又有共同的休闲娱乐空间。

此外，这种规划整理可以培养他们的边界意识，两个孩子都会在进入别人房间时主动敲门，拿取不属于自己的物品时先征得对方同意，平时还会注意管理和维护各自的物品。

弟弟的书桌整理后

弟弟的衣柜整理后

姐姐的书桌整理后

姐姐的衣柜整理后

书籍陈列

文具收纳

儿童房整理收纳 Tips

- 家里有两个及以上孩子的，需要为他们安排各自的独立空间，配备独立的衣柜、书桌和书柜，以此培养他们的边界感。
- 尽量保持书桌台面干净，不要放置太多杂物，以免孩子写作业时分心。
- 将书籍、文具等分类后进行陈列收纳，既方便拿取又整齐美观。
- 将衣服分类收纳，当季衣服全部悬挂起来，换季衣服用百纳箱收纳并贴上标签。
- 将孩子每天要穿的衣服放在他们自己能够拿取的位置，从而节约更多时间。

整理师的工作不仅是把所有物品安全妥善地打包运输至新家，更应规划好每一个房间和柜子的功能，以确保使用的合理性和便利性，最重要的是要符合使用者的生活习惯。

当季衣服陈列

整理师来了

红颜

用文字记录生活，用整理温暖家

- 留存道深圳分院杰子团队领队
- IAPO 国际整理师协会会员
- 高级空间管理师、高级整理收纳师
- 带队整理服务超 200 个家庭，整理服务面积超 50 000 平方米

红颜自 2018 年入行以来便一直坚持在一线工作。她在整理工作中从未有过倦怠，力求将最适合、最贴心的服务带给客户。她曾荣获留存道 2021 年度“最佳领队”。

家庭的健康藏在冰箱里

旧　家	**房屋类型**	四室两厅
	房屋面积	180 平方米
	家庭组成	一家四口（爸爸、妈妈、女儿、奶奶）
新　家	**房屋类型**	三室一厅
	房屋面积	90 平方米
	家庭组成	一家四口（爸爸、妈妈、女儿、奶奶）

方先生夫妇考虑孩子上学方便，搬到离学校较近的房子里。虽然新家的面积比旧家小一半，但是为孩子节约了很多时间。搬入新家后，他们努力为孩子创造更好的学习环境，同时加强对孩子的营养照料。

一般情况下，大部分人会在搬家前尽量消耗完旧家冰箱里的食物。但是方先生家的旧家有两台大冰箱，无法在短时间内将里面的食物全部消耗完，于是需要将大部分食物打包搬运至新家。

冰箱整理

入住需求

- 需要在运输过程中保证食物不变质。
- 需要将玻璃瓶等易碎品包裹严实，防止搬运过程中液体渗漏。
- 需要预留当天的晚餐食材。

解决方法

- 易化食物：先将冷冻食物装入泡沫箱，再放入干冰，维持泡沫箱内的温度。
- 精简食物：整理旧家两台冰箱的食物，将过期的和临期的清理出来。
- 易碎品：装食材的玻璃瓶等先用气泡柱打包，再用保鲜膜将瓶口缠绕封住。
- 预留的晚餐食材：搬运至新家后立即将其放入冰箱的0度保鲜格里。

冰箱内食物

在搬家过程中，关键是要保证冰箱冷藏室的食物在运输过程中温度合适，不会变质。

已开封的食物先分装到超厚的食品塑封袋里再装箱。

未开封的食物直接装入泡沫箱，再放入干冰，维持泡沫箱内的温度。

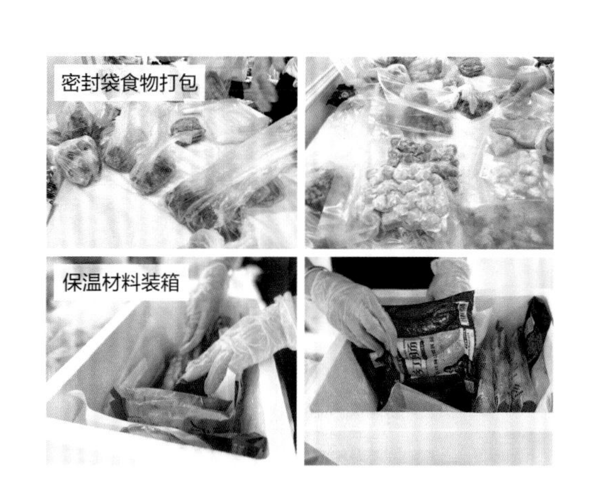

易化食物打包物料

- 泡沫箱
- 干冰
- 食品塑封袋

冷冻室食物的精简

大多数家庭在使用冰箱的过程中会出现一些不恰当的方式，比如，没有对过期的和临期的食物进行区分即全部放入冰箱，没有将超市塑料袋去掉就直接放入冰箱。

筛选分类并贴上标签

冰箱清理步骤

将食物全部拿出来，查看其生产日期，将过期的和临期的挑选出来。

将已拆封的食物和装在超市保鲜袋里的食物分装到超厚的食品塑封袋里，并在外面贴上标签。

易碎品

冰箱里已开封的调味料、饮料等先用保鲜膜缠绕瓶口，再用气泡柱包裹整个瓶身，防止运输过程中瓶身破裂。

酒杯这类易碎品也需要用气泡柱打包。

易碎品打包物料

- 气泡柱
- 保鲜膜

冰箱整理注意事项

1. 关于冰箱中食物的储存。切记，不要将非食品级的塑料袋直接放入冰箱，因为这些塑料袋可能是用二次废料加工而成的，在接触食物的过程中会导致有害物质渗透进去，从而影响我们的身体健康。

冰箱中的五大细菌从哪里来？喝过的牛奶会产生李斯特菌；黄豆、发霉的花生、发苦的坚果会产生黄曲霉素；耶尔森菌是肉类中常见的细菌；沙门氏菌会附着在鸡蛋上；志贺菌来自坏掉的水果和蔬菜。

2. 关于冰箱的清洁。平时用抹布擦一下的清洁方式无法将冰箱中的五大细菌清除，最好用高温蒸洗机对冰箱进行深度清洁。因为细菌会附着在冰箱的缝隙里，所以只进行表面擦拭并不能彻底解决清洁问题。冰箱的深度清洁应该定期进行，可以找专业的冰箱清洁公司来清理，也可以自己购买设备清理。

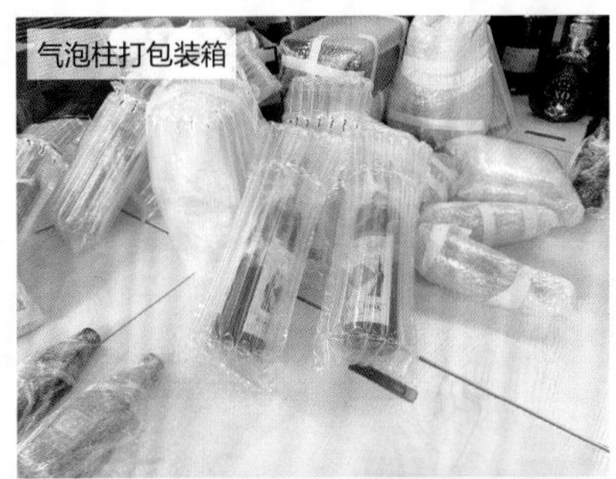
气泡柱打包装箱

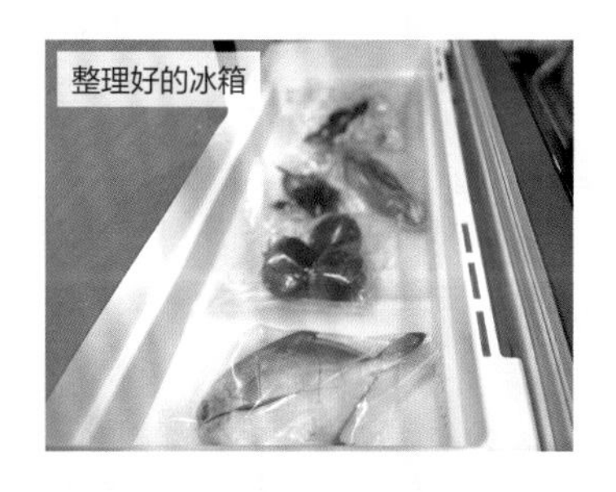

3. **关于冰箱的储存量。**冰箱最好不要完全塞满，冷藏区的储存量保持在 80% 即可，冷冻区的最佳储存量为 90%。只有在这种情况下，冰箱的制冷效果和耗电量才能保持最佳状态。

4. **冰箱的作用。冰箱是食物的中转站，而不是保险箱。**冰箱是用来周转食物的，而不是用来长期储存食物的。家庭冰箱和商业冷库的温度控制不同，家庭冰箱几乎每天都会开门、关门，无法维持温度不变。建议肉类食物半年内消耗完，不要储存过长时间。

整理师来了

宏原

最好的服务是为你创造
不一样的空间

- 留存道广州分院城市副院长
- IAPO 国际整理师协会广州分会理事
- 资深空间管理师、资深整理收纳师
- IAPO 国际整理师协会认证讲师、留存道认证讲师

在进入整理行业之前，宏原在外企担任高管。2018年，她开始系统地学习整理；2019年，她成为留存道广州地区合伙人；2020年，她晋升为留存道广州分院城市副院长。她带领的专业整理师团队在整理时被官方媒体跟踪报道。她希望更多的中国家庭通过整理过上富足且自在的生活！

带着美酒向未来

旧　家	**房屋类型**	四室两厅
	房屋面积	200 平方米
	家庭组成	一家三口和阿姨（爸爸、妈妈、女儿、育婴师）
新　家	**房屋类型**	四室三厅
	房屋面积	200 多平方米
	家庭组成	一家三口和阿姨（爸爸、妈妈、女儿、育婴师）

大部分人之所以提起搬家就头疼是因为需要考虑的因素很多，需要面临所有物品筛选和流通的问题。到底留下什么，搬走什么，哪些可以满足新家装修的需求，哪些需要进行流通处理，物品搬到新家后会不会又变成没有用的闲置品，等等，都需要提前思考。对于小易来说，搬家最难的是那些红酒。

待打包的红酒

入住需求

- 需要将红酒酒柜整体搬运至新家。
- 对红酒进行合理贮藏，温度要适宜。
- 将 184 瓶红酒按照产区、酒庄、年份进行陈列。

解决方法

- 按照产区、酒庄、年份对红酒进行分类，确定各个类别的红酒数量。
- 高单价红酒和有特殊温度贮藏要求的红酒需要单独打包。
- 所有红酒要用保鲜膜、气泡膜、泡沫箱等进行多重打包。
- 根据红酒贮藏温度要求安排红酒的运输顺序。

小易共收藏了 184 瓶红酒，其最佳贮藏温度为 10~15℃，若较长时间不在合适的温度下贮藏，则易导致红酒品质下降。厦门的夏天，室外温度为 30℃以上，搬家的车程为 20~30 分钟，加上打包、搬运、陈列、新酒柜运输后静置及启动制冷的时间，使得搬运红酒这项工作充满了挑战。为了保证红酒的品质不受影响，整理师采用了多种方法，包括玻璃瓶的防护、酒标的保护、打包的速度、拆包的速度以及快速分类装柜等。

红酒泡沫箱

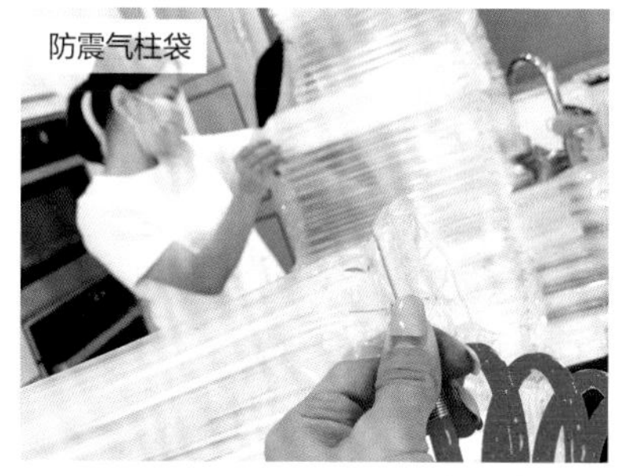
防震气柱袋

打包箱标记

红酒打包物料

- 防震气柱袋
- 气泡膜、保鲜膜
- 红酒泡沫箱
- 防震气柱袋卷材、电动打气筒
- 胶带、记号笔、剪刀、小刀
- 易碎品标签贴纸
- 打包箱标签贴纸

根据产区和年份进行分类

瓶身贴上产区、年份标签

红酒打包流程

打包前：为了缩短新家酒柜归位的时间，整理师提前熟悉酒柜中每瓶红酒的产区、庄园、年份，然后根据分类进行打包。

打包中：按照类别从酒柜中取出红酒，用干毛巾擦干瓶身的水，裹上保鲜膜，按照年份摆放。常规瓶身装进泡沫箱，非常规瓶身先用气柱袋打包再装箱。装箱时，按照产区、庄园、年份分别装箱，并在纸箱外贴上标签，注明类别和年份。

搬运中：叮嘱搬家师傅开车平稳，搬运时轻拿轻放，并且及时清点数量。

陈列中：根据新酒柜的空间，按照产区、庄园、年份依次拆箱，一个人负责递红酒，另一个人负责陈列。注意，尽快完成陈列，避免出现变质的情况。新家有一大一小两个酒柜，大的酒柜陈列数量较多的产区酒，小的酒柜陈列数量较少的产区酒及那些数量少但特别珍贵的红酒。

每一次搬家都是一次重新梳理过去、审视现有物品、期待未来生活的过程。搬家整理结束意味着可以在新的空间开启新的生活。

打包好的红酒

整理师来了

陈俐嫔

对物品的整理，不是简单的收纳，而是重新审视当下的生活状态

- 留存道厦门分院城市副院长
- IAPO 国际整理师协会厦门分会理事
- 资深空间管理师、资深整理收纳师
- IAPO 国际整理师协会认证讲师、留存道认证讲师

陈俐嫔在走进整理行业之前从事的是企业咨询管理工作，2018 年辞职后，她通过对整理行业的分析，快准狠地选择了留存道学院并火速成为留存道厦门地区合伙人，从此开启了属于她自己的整理事业。她专注亲子整理模块，影响超 1000 个家庭关注整理、关注家，致力于将亲子整理带进更多的家庭，在孩子的心中种下整理的种子。她带领的团队是 HoneyCC、陈靖川、小蛋黄、智勇、小越女、猫女林、你要找哪只熊、陈仕贤等博主专用整理师团队。

为玄关摆件打造移动且安全的家

旧　家	**房屋类型**	三室两厅
	房屋面积	90 平方米
	家庭组成	一家三口（爸爸、妈妈、儿子）
新　家	**房屋类型**	三室两厅
	房屋面积	130平方米
	家庭组成	一家三口（爸爸、妈妈、儿子）

孟母三迁的故事大家都不陌生。孟母不嫌麻烦，几次搬家只是为了给孩子创造一个良好的环境。杨姐这次搬家也是为了孩子上学方便。她认为，住到学校附近的房子里，孩子有更多时间休息，他们也能节省很多接送时间。

古董陈列

入住需求

- 玄关有贵重的文玩摆件，在搬运和整理过程中要避免其被损坏。
- 应季鞋需要规划在玄关区域处进行收纳。
- 有的高跟鞋带有配饰，应避免其掉落和互相剐蹭，另外，浅色鞋不能被染色。

解决方法

- 古董文玩和摆件根据器型在打包和装箱过程中进行分类，搬入新家后，将其放在独立的柜子中单独收纳，尽量避免与其他物品放在一起产生磕碰，造成不必要的损失。
- 将鞋提前按照使用者和季节进行分类，分别装箱，搬入新家后放到相应区域。
- 鞋上的配饰可以先用雪梨纸或珍珠棉单独包裹，再用保鲜膜将其与鞋身一起包裹，这样可避免配件丢失。

古董文玩

杨姐家的玄关处放置了很多花瓶和茶具。整理师重新对其进行规划，将所有展示类物品集中放置在两个柜子里进行陈列和收纳，以免拿取其他物品时不小心将其碰倒，造成不必要的损失。这些古董文玩非常贵重且易碎，打包时需要特别注意。

1. 单个物品独立打包，用气泡膜进行多层包裹，再用静音胶带缠绕，以免搬运的过程中散落。

2. 同类物品，如碗碟等大小或款式相同的，可以先叠放，再在两个物品中间放置气泡膜起缓冲保护作用，最后将成套物品整体打包。

3. 搬入新家后，用分层置物架收纳小件文玩，并且把收纳盒放在物品下方，以便随时拿取，同时将标签贴在柜子的侧板上。

独立打包

用静音胶带缠绕

剪切尺寸合适的气泡膜

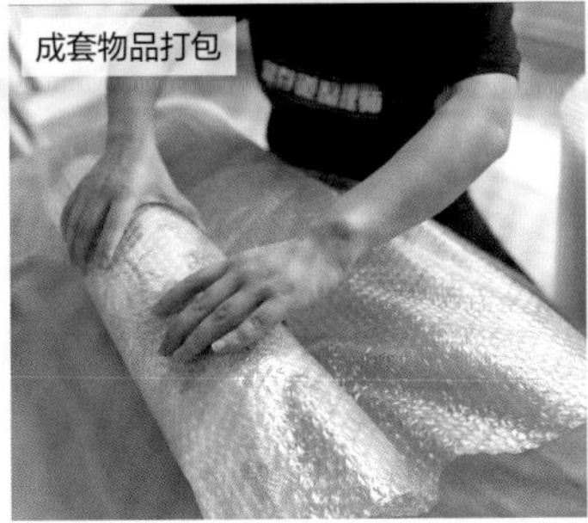
成套物品打包

古董文玩打包物料

- 保鲜膜：包裹杯盏和瓷器。
- 珍珠棉：包裹易碎品。
- 雪梨纸：填充在杯盏内部。
- 纸箱防水袋：若搬家时下雨或下雪，则纸箱防水袋可以避免纸箱被浸湿。
- 纸箱：文玩、瓷器等易碎品用小号纸箱装箱。
- 静音胶带：无声音的胶带可以减少噪声污染。
- 贴纸：粘贴在纸箱外面，记录物品的详细信息。

鞋的打包 Tips

1. 将鞋按照运动鞋、高跟鞋、皮鞋、布鞋等分类，不同类型的鞋用不同的方式打包。
2. 有鞋盒和无鞋盒的鞋分别打包。收藏类的鞋最好与原鞋盒一起打包，这样有利于后期二次销售，而且原包装盒最好用保鲜膜包裹好。无鞋盒的鞋成双打包，避免搬到新家后无法配对。为了避免鞋面互相直接接触产生摩擦，导致鞋面磨损，可用保鲜膜包裹完一只鞋后再连着包裹另一只。
3. 如果鞋柜的深度不能满足鞋的并排放置需求，那么可以将鞋柜层板倾斜，这样大尺码的鞋也可以放进去。

用保鲜膜包裹鞋

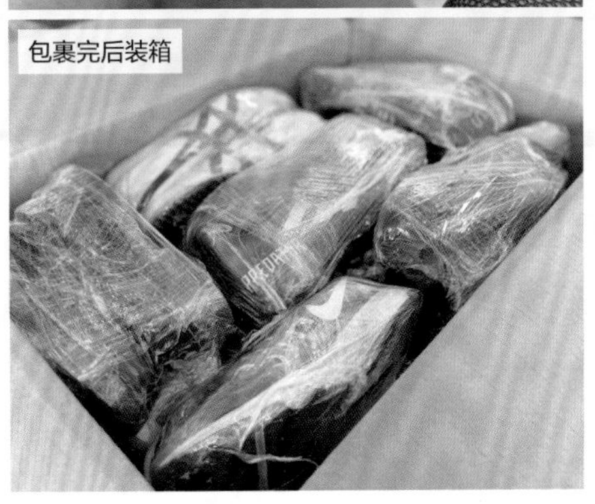
包裹完后装箱

家，是温暖的港湾，亦是心灵的归宿，更是情感的寄托。不管我们出于什么原因，搬去什么地方，都不应因搬家而降低我们的生活品质。

整理师来了

史丽曼

整理看得见的物品，
改变看不见的世界

- 留存道石家庄分院城市副院长
- IAPO 国际整理师协会石家庄分会理事
- 资深空间管理师、资深整理收纳师
- IAPO 国际整理师协会认证讲师、留存道认证讲师
- 多家知名企业特邀整理讲师

史丽曼自2017年将整理收纳的理念带入河北省后就一直从事整理收纳的工作。她创建了河北省最大的整理师团队。其间，她在石家庄各大高校开展“整理收纳进校园”活动，2022年暑期还开展了20多场亲子整理沙龙活动。

鞋子的优雅迁徙

旧　家	房屋类型	三室两厅
	房屋面积	160 平方米
	家庭组成	一家三口（爸爸、妈妈、儿子）
新　家	房屋类型	四室两厅
	房屋面积	260平方米
	家庭组成	一家三口（爸爸、妈妈、儿子）

覃姐的新家虽然还没有达到交付条件，装修工人仍在加班加点地安装家具、调试智能设备，保洁阿姨也在认真地打扫，但是她需要在 7 天内入住新家。覃姐对生活品质有很高的要求，她有 200 多件衣服、50 双鞋，每一件质地都很好，如何完好无损地将它们从旧家搬进新家是这次搬家整理的难点。

新家一角

入住需求

- 安排一个独立区域，将鞋全部陈列出来，方便拿取。
- 厨房物品应做到可视化管理。
- 保持厨房台面整洁，除了锅具，其他物品尽量不要出现在台面上。

解决方法

- 打包时，将每双鞋用包装袋单独打包，鞋内放置鞋内撑，避免搬运途中受到挤压。
- 女士的鞋按照季节和品牌分区陈列到黄金区域。
- 根据烹饪习惯，将部分碗碟放到燃气灶下方的抽屉里，取用方便。
- 将常用调味品放在灶台右边的拉篮里，同一区域上方的吊柜放置不常用调味品，缩短拿取动线。
- 根据动线，按照“上轻、中常用、下重”的原则对厨房用品进行有序收纳。

玄关鞋柜

对鞋进行收纳时，首先按照性别分区，其次按照季节、品牌、款式陈列，最后根据鞋跟高度、材质等进行适当调整。将常穿的或最喜欢的鞋放置在鞋柜的黄金区。

玄关不仅是鞋的收纳区，还是生活杂物的收纳区。比如，雨伞、钥匙、快递剪等都可以放在这里，方便出门或进门取用。做好玄关物品的收纳能帮助住户节省时间，让生活变得更便捷。

鞋的打包 Tips

1. 不常穿的鞋先用雪梨纸做内撑再打包。
2. 用一次性包装袋分类包装鞋。
3. 每位家庭成员的鞋分箱打包。

将鞋进行打包

将鞋全部搬入新家

玄关柜整理后

厨房

覃姐喜欢台面干净清爽，除了电器和锅具摆在厨房台面上，其他物品全部收纳进柜体。在进行厨房的整理收纳时，整理师应充分考虑柜体空间的合理性、清洁的方便度以及拿取的顺手度。

在打包碗盘、玻璃瓶、陶瓷罐等易碎品时，先用保鲜膜将瓶口密封，再用气泡膜包裹，待入箱后用气泡膜填充空余位置，最后用胶带封箱。在纸箱外贴上“易碎品、此处向上”等标签。

餐具筛选和分类

打包易碎品

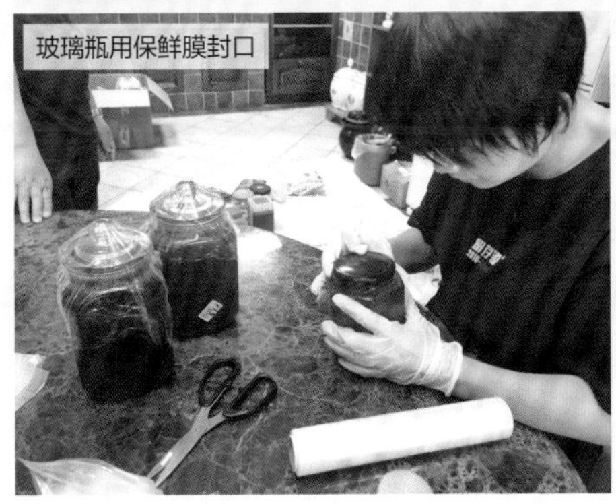
玻璃瓶用保鲜膜封口

标签上标注物品明细

覃姐一家的衣服比较多，加起来约200件，全部是高端品牌，打包时尽量将每一件衣服用衣袋独立包装。其实，无论什么样的物品都需要我们用心对待，细心呵护。

整理师来了

李妮

家是一个有温度的栖息地，
更是我们的心灵住所

- 留存道柳州分院城市副院长
- IAPO 国际整理师协会柳州分会理事
- 资深空间管理师、资深整理收纳师
- IAPO 国际整理师协会认证讲师、留存道认证讲师

李妮于2016年进入整理行业，入户整理超300个家庭，曾受《柳州日报》专访，是知名企业的特邀整理讲师，也是保险公司、市妇联等机构组织的线下高端沙龙的讲师。

值得保留的包包帆布袋

旧　家	**房屋类型**	三室两厅
	房屋面积	130 平方米
	家庭组成	一家三口（爸爸、妈妈、儿子）
新　家	**房屋类型**	四室两厅
	房屋面积	200 平方米
	家庭组成	一家三口（爸爸、妈妈、儿子）

W 女士非常热爱生活，平时喜欢旅游、研究美食，而且她的物品特别多，衣服、包、饰品、护肤品等应有尽有，但是不知道如何收纳，导致家里看起来乱糟糟的。搬到新家后，她希望拥有一个秩序感十足的家。

帆布袋收纳

入住需求

- 合理利用衣柜转角空间，尽量在有限的空间内收纳更多的物品。
- 将 70 多个包全部收纳在一米的柜子里。
- 尽量保留包的外包装，如帆布袋、礼盒等。

解决方法

- 将转角衣柜设计成对开门的，并将男士所有衣物收纳进去，实现统一管理。
- 女士衣物先进行细分，再用百纳箱收纳换季衣物，最后调整挂衣杆位置，实现储物空间的合理化利用。
- 设置专属包柜，调整层板，尽量将包陈列出来。
- 将包的帆布袋和护肤品整理完成后，在柜体外贴上标签，方便查找。

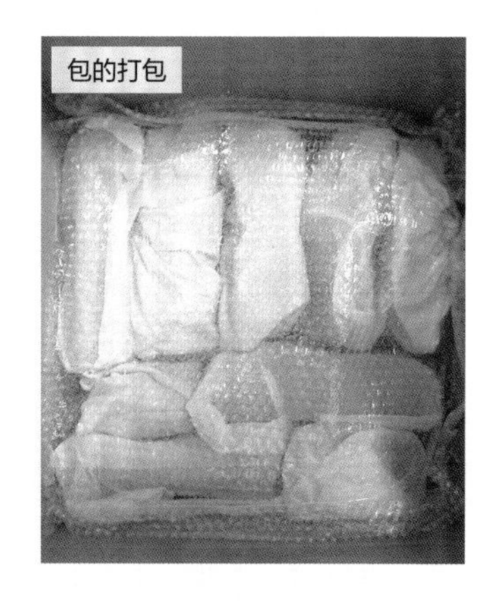
包的打包

包的收纳

装箱前，将所有包拿出来逐一检查，并且整理它们的背带、内衬等，按照尺寸分类，比如大码包、中码包、挎包、手拿包，品牌相同的可放在一起。

将包搬入新家后，调整包柜层板的尺寸，按照包的种类将层板间距调整为 40 厘米、30 厘米和 15 厘米，一共可放置 78 个包，将其中 48 个包陈列出来，其余 30 个包放入抽屉区。

包的内部检查

包的分类

包的陈列

包的整理 Tips

- 注意检查包内物品，将过期的物品及时清理掉。
- 建议将不常用的包收纳进帆布袋，不仅可以避免落灰，还可以避免包互相贴得太紧而出现磨损。
- 包的帆布袋使用后需要清洗，特别是南方，潮湿天气比较多，若不及时清理，则容易滋生细菌。
- 帆布袋按照大小分类收纳，这样才能达到取用方便的目的。

主卧衣柜

主卧衣柜的内部结构不合理，应进行调整，将上部改造为储物区，下部改造为挂衣区。储物区放置换季衣物和床上用品，挂衣区悬挂男士所有上衣和裤子。衣柜转角区做 155° 合页的对开门。

W 女士喜欢购物，经常囤货，但又不会整理，常常忘记未拆封的物品放在什么地方。这时可以将一面衣柜规划为长款衣物挂衣区和囤货储物区。

另一侧衣柜靠近休息区，可规划为 W 女士专用区。挂衣区悬挂当季衣服，按照长款和短款分类悬挂，换季衣服放入百纳箱。抽屉区放置 W 女士不常穿的牛仔裤和蓬蓬裙。

衣柜整理后

衣柜整理 Tips

- 衣柜转角区容易闲置，做成对开门 155° ，可以让使用者一目了然地看到这个地方，从而提高其使用率。
- 皮衣和皮裙应定期护理，平时悬挂在衣柜里时套上防尘罩。

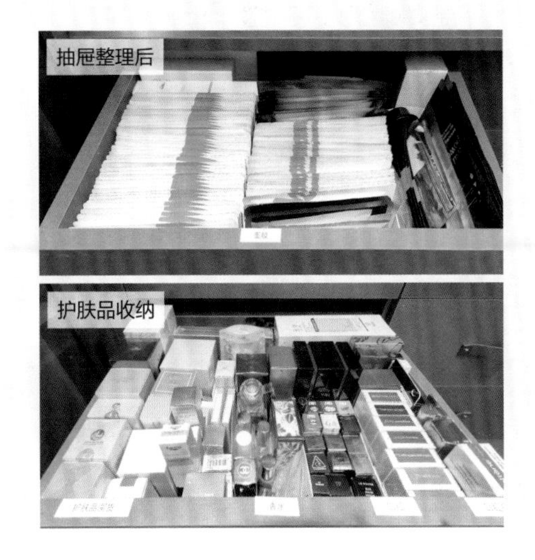
抽屉整理后

护肤品收纳

护肤品囤货是最难处理的。首先，将所有护肤品分类，并在抽屉外贴上对应种类的标签，方便查找。其次，采用竖式收纳法将同类物品放置一起，不同类物品之间用收纳盒分隔，按照大小和数量进行分类收纳。包和囤货分别放置在 6 个抽屉里，饰品放置在 2 个抽屉里。

上衣陈列

这次搬家整理让 W 女士学到了省时省力的收纳方法。她说，这样整理让她节省了很多找物品的时间，她可以利用多出来的空闲时间学习一些新技能，丰富自己的业余生活。

整理师来了

胡锦希

整理可以让爱传递，
也可以让爱延续

- 留存道柳州分院教育合伙人
- IAPO 国际整理师协会柳州分会理事
- 资深空间管理师、资深整理收纳师
- IAPO 国际整理师协会认证讲师、留存道认证讲师

胡锦希拥有丰富的整理经验，曾为高管、护士 、企业家、导演等提供专属整理服务， 还受邀为当地财政局和道路发展中心进行整理方面的授课。她是《柳州晚报》 等媒体的专访人物，曾参与录制《来此开整》节目。2022年，她被留存道整理学院评为“快速成长之星”。

衣物打包有技巧

旧　家	**房屋类型**	三室两厅
	房屋面积	160 平方米
	家庭组成	一家四口（爸爸、妈妈、姐姐、妹妹）
新　家	**房屋类型**	一室一厅
	房屋面积	60平方米
	家庭组成	一家四口（爸爸、妈妈、姐姐、妹妹）

付女士和先生有两个女儿，他们一家四口住在 160 平方米的大房子里，非常惬意，美中不足的是小区地理位置距离市中心较远。随着两个女儿长大，上学的需求摆在首位，付女士经过深思熟虑和实地考察，决定搬到 60 平方米的城区房子里。虽然居住面积变小，但他们的所有生活必需品和家具都要保留。怎样才能既满足储物需求又不降低生活品质呢?

入住需求

- 衣柜空间需要合理规划，尽量做到物尽其用。
- 两个女儿虽然同住一间卧室，但是仍需要拥有各自独立的学习空间和衣物收纳空间。
- 旧家的活动柜体、床等大件家具都需要搬到新家继续使用。

解决方法

- 搬家打包时，对衣物进行筛选，避免没有使用价值的衣物占据本来就不充足的储物空间。
- 分区设置两个孩子的学习区和衣柜区，让她们都能拥有属于自己的独立空间。
- 对旧家和新家进行实地测量，在新家为旧家家具安排合适的区域放置，尽量缩短使用者的动线。

衣柜

在旧家打包时即对衣物进行分类，先按照使用者分类：男士衣物、女士衣物、姐姐衣物、妹妹衣物；再按照季节分类；最后按照类别分类：上衣、裤子、小件物品等。

打包时，按照上述分类分别打包，并在纸箱外贴上标签。标签应标注衣物种类、编号以及新家的落地区域。搬运到新家时，搬家师傅可以对照标签将纸箱放在新家的相应区域。这样所有物品都有自己明确的目的地，可提高搬家效率。

旧家衣柜打包前

新家衣柜整理后

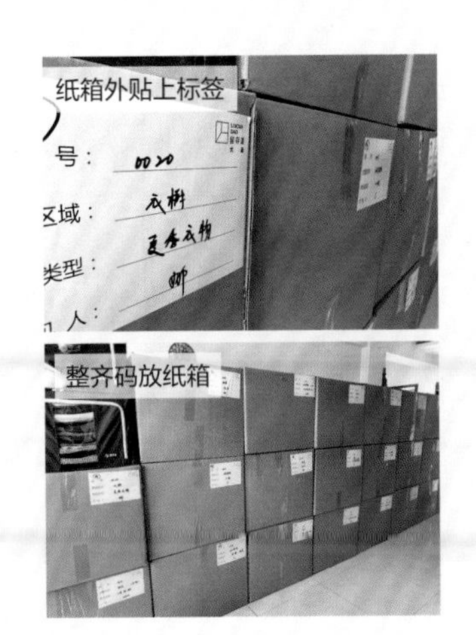

打包和归位 Tips

1. 衣物先按照使用者分类，再按照季节和类别进行细分。
2. 打包衣物时，尽量将其平铺放置，以减少衣物褶皱。
3. 做好标签管理，明确标注内装物品和落地区域。
4. 进行衣柜整理时充分利用“三剑客”，扩容储物空间。

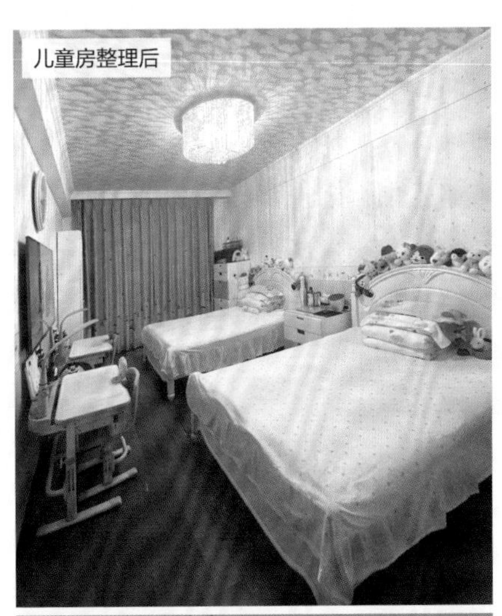

儿童房

因为家具基本都是从旧家搬过来的，所以整理师在经过对旧家家具尺寸的测量和对新家房屋格局的规划后，决定充分利用空间，运用空间折叠术将空间进行折叠。这时需要充分发挥细小和窄缝空间的储物功能，尽量划分姐妹二人各自的使用空间，创造家庭成员之间的边界感，遵循使用者的使用动线，对所有物品分类、存放、陈列，让孩子养成自我管理物品的能力。

儿童房归位 Tips

1. 整理衣柜时，划分区域，为孩子打造合理的空间。
2. 充分考虑儿童身高，下层放置高频次使用的衣物，上层放置低频次使用的衣物。
3. 学习区应光线明亮，分区合理。

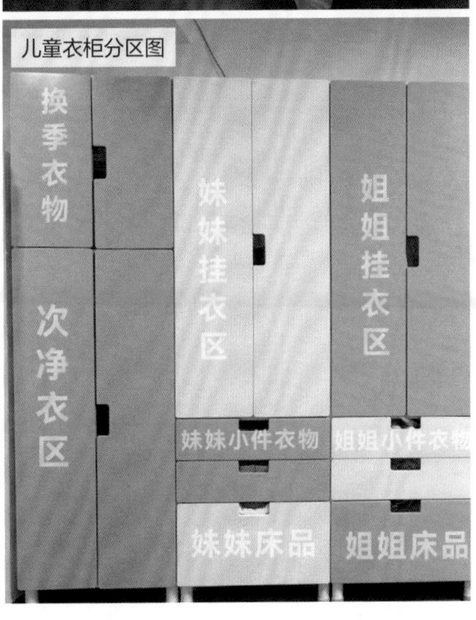

这次搬家整理让付女士十分感慨，她说：“我原以为搬到小房子会使得生活质量下降，空间变得拥挤，没想到不仅没有想象的那么拥挤，空间反而大了很多。现在我越来越喜欢我们这个小家了。”

尽量在家中留一个空间给自己，它可以是一个整洁的衣柜，可以是一间明亮的厨房，也可以是一个能够喝茶、看书的阳台，不管多大，这里始终能够让你感到安心。

整理师来了

申倩　丁允善

永远积极向上，永远保持热爱，
永远心怀感恩，永远豪情满怀

- 留存道大连分院教育合伙人
- IAPO 国际整理师协会大连分会理事
- 资深空间管理师、资深整理收纳师
- 民生银行、平安保险特邀讲师
- 中海地产特邀讲师、中升集团特约顾问
- 受邀《大连晚报》等媒体专访

申倩，大连民营企业家，因乐于追求高品质的生活，故在2021年加入留存道，并成为大连地区合伙人，2022年接受《大连晚报》、大连电视台等媒体专访。她在满足自身对生活品质需求的同时，也将不将就的生活理念传播给更多人。

丁允善曾经是一名全职宝妈，从全职带娃到成为职业整理师只用了6年时间，她兼顾事业和家庭。她是众多银行和保险公司的特邀讲师，是留存道“十佳新人”获得者。

化妆品和饰品的保护魔法

旧 家　房屋类型　四室两厅
房屋面积　200 平方米
家庭组成　一家四口（爸爸、妈妈、哥哥、妹妹）

新 家　房屋类型　三室两厅
房屋面积　200 平方米
家庭组成　一家四口（爸爸、妈妈、哥哥、妹妹）

在繁忙的都市中，我们需要完成属于自己的工作，需要照顾好家人，需要用心陪伴孩子，同时需要努力提升自己。在这样紧张的生活节奏中，我们仅剩一点时间和精力去维持家里的井然有序和温馨和谐。如果没有正确的方法和科学的收纳体系，那么，我们需要花费大量时间和精力去维持良好的家居环境。

S 女士深知井井有条的居住环境可以帮助家里的每位成员在家庭关系中建立有形的和无形的边界感，让每位家庭成员在管理好自己物品的同时养成良好的收纳习惯，进而形成良好的家庭关系。通过这次搬家，她希望创造一个更好的居住环境，建立一个良好的收纳系统，使得所有物品各归其位，每位家庭成员都可以享受有序的居家生活。

入住需求

- 公共空间需要存放大量囤货和生活备用品，应做到每位成员的物品各归其位。
- 所有物品务必精挑细选，将有用的留下来，不需要的流通出去。
- 护肤品囤货量大且收纳地点分散，需要明确其具体数量和位置，并保证其在搬运过程中不会破损。

解决方法

- 根据使用者、物品种类和动线设计储物柜，打造独立的个人空间。属于公共空间的客厅可设置影壁墙储物柜，解决全屋的囤货收纳问题。
- 所有化妆品打包前集中进行筛选、分类，检查保质期。
- 按照类别对护肤品进行分类保护，保证所有护肤品在打包搬运过程中完好无损。
- 按照梳妆台区、卫生间镜柜区、淋浴区、囤货区对物品分区打包，确保搬入新家后高效复位。

日化用品

在整理的过程中，整理师应对日化用品的保质期进行核查，确保每件护肤品能够在有效期内发挥其最大功效。

针对外包装没有日期喷码的护肤品，整理师通过生产批号查找其保质期，用标签标记过期日期，以提高整理效率，避免反复查询。

对护肤品进行查码、打标

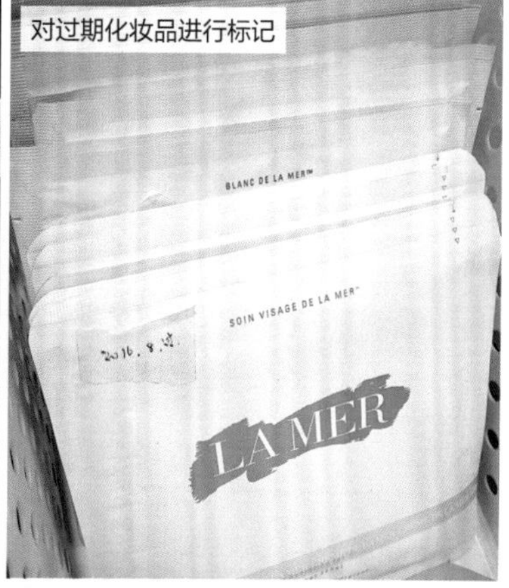

对过期化妆品进行标记

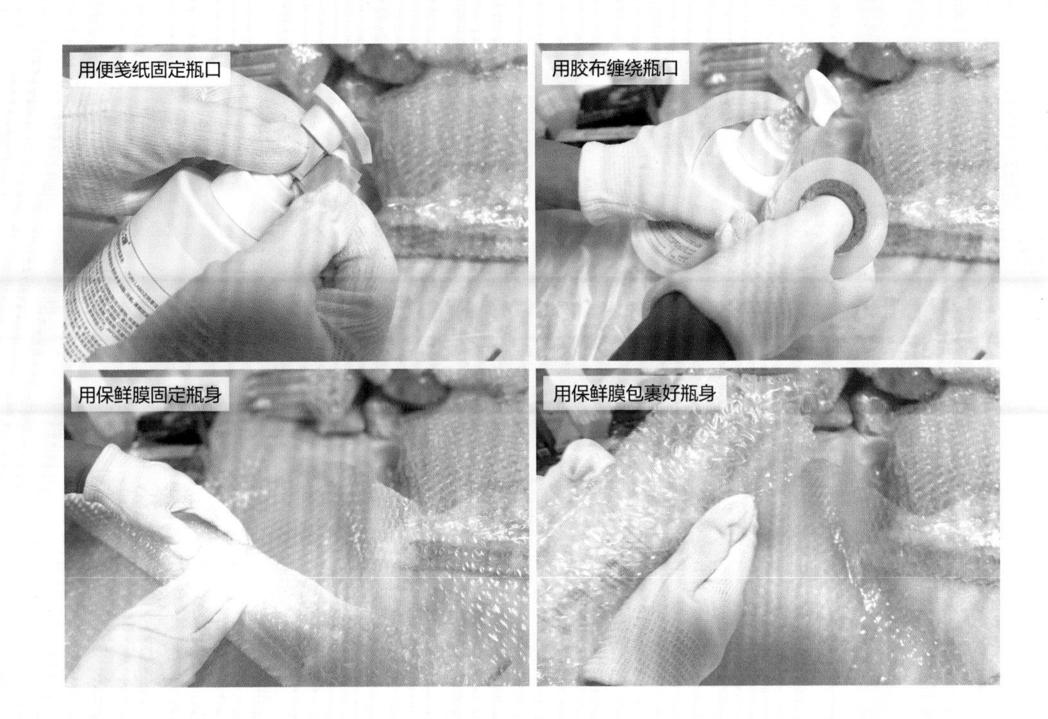

化妆品打包物料

- 缠绕膜
- 气泡膜
- 密封袋
- 防撞气泡袋
- 剪刀
- 胶带
- 美纹纸
- 马克笔
- 不同尺寸的纸箱

不同类别的护肤品的打包方式不同。

常用面部护肤品，如水、乳液、精华、面霜等的包装瓶为玻璃材质的，需要特殊保护。打包时先用缠绕膜处理瓶口，再用气泡膜包裹以加大保护力度，同时注意在玻璃瓶之间做分隔保护。

身体洗护品，如洗发水、沐浴露、身体乳等体积相对较大的，因按压泵头处易漏，故可先将便笺纸折叠成宽度合适的硬质纸条，在瓶口缠绕一圈做固定处理，再用缠绕膜包裹瓶口，防止液体外溢，最后用打包气泡膜包装。

梳妆台上的化妆品种类较多且体积较小，需要做好精细保护，分类分装。

压制类饼状彩妆，如粉饼、眼影等，怕摔且易碎，先用尺寸合适的化妆棉垫在粉饼盖内起缓冲保护作用，再按照类别细分，最后用气泡膜包装。打包时，注意包装得紧实一些，防止留缝隙，否则搬运时很容易因晃动而导致其碎裂。

化妆类小工具使用密封袋分装，剪刀、修眉刀等注意保护刀头，避免其戳破打包袋而发生误伤的情况。

所有物品打包完毕，按类别装入纸箱，记得提前铺入防水保护袋。

护肤品类物品尽量在纸箱内竖立摆放，防止瓶身倾斜或翻倒，液体外溢。

打包纸箱

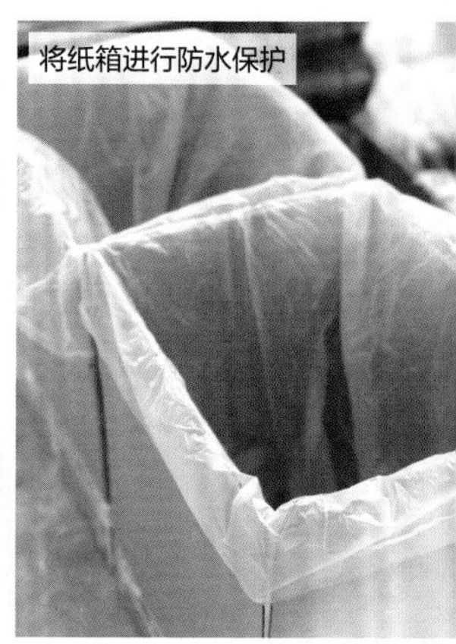
将纸箱进行防水保护

饰品

梳妆台处的常用饰品原来放置在大小不一、款式各异的包装盒内，不仅占空间，还显得凌乱。打包时，整理师将包装盒拆掉，用密封袋单独包装每一件饰品，既可节省空间，又能避免饰品氧化，还能防止饰品互相缠绕。

在打包过程中，整理师按照使用者和饰品类别提前进行分类，这样可以大大地提高新家复原的效率。此外，打包时可按类别进行，并做好防撞保护。注意，打包时，在各饰品之间留出空隙，避免压得太紧而导致饰品变形。

对于收藏类饰品，建议不要拆掉包装，直接用原包装盒打包即可。

化妆品收纳　梳妆台整理

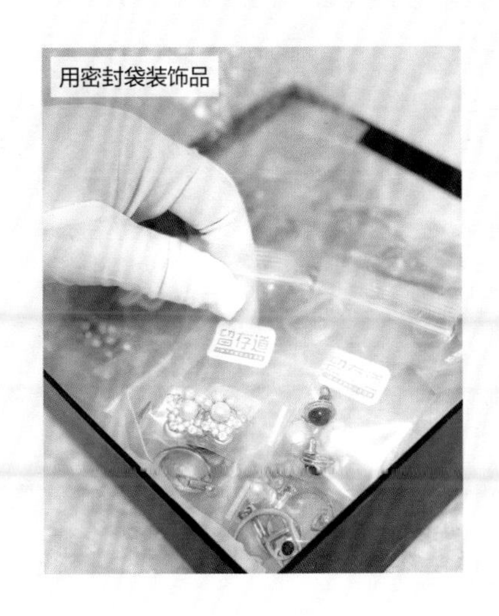

搬家整理，不仅是一项打包和搬运工作，更是一个优化新家储物空间的机会，我们应该细心地对待所有物品，为它们寻找合适的收纳位置。

整理师来了

彦婷

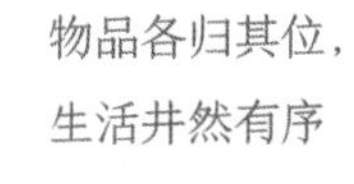

物品各归其位，
生活井然有序

- 留存道天津分院城市副院长
- IAPO 国际整理师协会天津分会理事
- 资深空间管理师、资深整理收纳师
- IAPO 国际整理师协会认证讲师、留存道认证讲师

彦婷有丰富的规划整理经验，整理服务面积超40 000平方米。她一直致力于为不同客户建立专属全屋收纳体系。她是多家单位和公立学校的特邀讲师，已培养整理收纳师百余名，曾参与录制《来此开整》节目。

用书籍打造“黄金屋”

旧 家　房屋类型　两室两厅
房屋面积　130 平方米
家庭组成　一家四口（爸爸、妈妈、姐姐、妹妹）

新 家　房屋类型　三室两厅
房屋面积　150 平方米
家庭组成　一家四口（爸爸、妈妈、姐姐、妹妹）

学习用品整理

莹莹是一位正面管教方面的专家。她和先生两人夫妻恩爱，事业有成，还有两个可爱的女儿。但他们平时工作繁忙，只能用有限的时间照顾孩子，为了方便接送孩子上下学，夫妻二人决定将家搬至学校附近的小区。由于一家四口长年累积的物品量极大，导致搬家成了他们很大的困扰。

入住需求

- 因书籍数量多，故需要进行合理的规划，将大人和孩子的学习区分开。
- 新家和旧家的空间布局差异较大，加上物品数量和类型较多，需要解决储物空间不足和存放位置相对分散的问题。

解决方法

- 将成人阅读空间折叠在客厅空间。
- 打造一个适合孩子学习的独立儿童房。
- 根据物品的种类和数量调整书柜的内部格局，最人化地利用空间。
- 巧妙利用空间，打造兼具收纳功能和美感功能的休闲阳台。

文具

学龄期孩子的物品有一个共性——文具种类多、数量多。若存放不当，则会出现“明明记得家里有，却怎么也找不到”的情况，而后又重复购买。要解决这些问题，打包的集中处理、拆包的分类和物品的定位尤其重要。

儿童房的学习用品可以用先大类后小类的方式进行分类。首先，按照书本、文具、玩具等大类分。其次，结合孩子的学习习惯及兴趣爱好，对某个类别进行细致化分类，比如，笔类可分为铅笔、中性笔、马克笔、白板笔、水性笔、毛笔等；橡皮、修正带、直尺等常用文具可在分类的同时固定其位置。将常用的书籍和文具放在孩子随手可取的书柜和抽屉里，而使用频率低的物品和以留存纪念为主的物品放在书桌上方的吊柜里进行隐藏式收纳。最后，贴上标签，方便查找，便于孩子自己进行归位管理。

标签管理

文具打包和归位 Tips

- 将笔、直尺等易折损的文具用相对坚硬的容器进行密封打包。
- 按照“集中收纳、就近存放”的原则进行整理收纳。
- 用空间控制物品的数量。
- 固定位置，定期归位，标签化管理。

文具打包物料

- 自封袋
- 密封盒
- 美纹纸或便利贴
- 标签机
- 记号笔
- 纸箱
- 胶带

书籍

进入小学后，孩子拥有的最多物品是书籍，只要将其做好分类，便可以轻松实现兼具秩序感和美感的“书香天地”。

通常，书柜之所以凌乱是由物品混杂导致的，书柜上除了书本，还会放置一些文具、玩具、摆件、电子产品，甚至护肤品、食物等。面对这种情况，整理师首先要做的是找回书柜的原始功能——存放书。将书全部陈列上架后，结合书柜的剩余空间进行其他物品的整理。需要注意的是，书柜上存放的物品类别不宜太多，以免出现视觉凌乱、边界不清晰、不易复位等情况。

书柜整理后

上架陈列

书籍收纳 Tips

- 按照先书籍再文件再摆件的物品顺序收纳。
- 书籍可以按照以下几种方式分类：按照类别可分为绘本类、故事类、绘画类、儿童文学类等；按照孩子的使用习惯可分为学习类、课外阅读类等；按照书籍种类可分为阅读类、收藏类等。
- 分类后的书籍按照“高矮”“厚薄”等维度进行陈列，这样显得更整齐。

整理后的儿童房得到孩子们的一致好评。这种外在简约、内在充满秩序感的房间方便后续整理和复位。不管外在世界如何，在进门的那一刻，属于孩子的学习天地总是呈现出一种静谧美好的景象。

整理师来了

董娅丽

我愿用梳理一衣一物的方式
表达对孩子和家人的爱

- 留存道北京分院哈哈倩儿团队领队
- IAPO 国际整理师协会会员
- 高级空间管理师、高级整理收纳师
- IAPO 国际整理师协会认证讲师、留存道认证讲师

董娅丽在进入整理行业之前是一名财务管理工作者，也是一名5岁男孩的妈妈。因为喜欢整理，并且发现整理可以改变孩子的生活习惯，所以她决心投入这个行业，希望通过自己的分享影响更多的人。

电子产品防磕碰的诀窍

旧 家	房屋类型	四室两厅
	房屋面积	160 平方米
	家庭组成	一家三口（爸爸、妈妈、儿子）
新 家	房屋类型	四室三厅
	房屋面积	185 平方米
	家庭组成	一家三口（爸爸、妈妈、儿子）

孟姐的新家格局与旧家格局相差很大，虽然新家的面积比旧家的大了 25 平方米，但储物空间却少了很多。

旧家的南北阳台都设置了储物柜，进门处的玄关也有一排储物柜，可以满足一家三口的储物需求。新家是按精装房交付的，内部格局不能进行较大调整，虽然家具的颜值很高，但内部储物空间却不大。在未经合理规划的空间内，一家三口的所有物品无法全部放下，何况还要将一家人的电子设备、乐器、健身器材等安排好。

面对这种情况，整理师需要对新家的空间重新进行规划和布局，对玄关柜、书柜、鞋柜、储物柜等进行改造。另外，在乐器房入口处新增一组柜体，用来存放小型电子设备、相册及不常看的书籍。

入住需求

- 乐器品种较多，需要选择合适的地方摆放，完成一家人在家“开音乐会”的梦想。
- 电子产品很多，需要安排一个专属区域进行存放。
- 新增一台跑步机，需要安排一个合适的区域摆放。
- 一家三口都需要有各自独立的学习或办公空间，尽量做到互不干扰。

解决方法

- 在旧家中，乐器的放置区域比较分散，书房、客厅和玄关各处都有，搬至新家后可以将它们集中放置，从而缩短动线。
- 严格按照搬家程序，对镜头、摄像头、旧手机等各种电子产品进行分类，并做好防护；将它们搬至新家后，一部分进行陈列，另一部分进行收藏。
- 调整阳台晾衣架的位置，为跑步机留出空间，并设置运动器材专属收纳区，做到晾衣和运动两不误。
- 在儿童房、书房、客厅小吧台分别设置独立的学习区和工作区。

用缠绕膜缠绕镜头

电子产品

1. 镜头、摄像头等有镜面的电子产品。注意，这些物品在搬家的过程中要轻拿轻放。尽量保护镜面不被刮伤，先用缠绕膜将其缠绕，再用气泡膜进行包裹保护。用胶带封胶时可用十字交叉法进行固定，避免其从侧边掉落。

2. 平板或手机等有大面积屏幕的电子产品。此类物品可先用珍珠棉袋进行保护，再用气泡膜或气泡柱进行防震、防碎保护。若原包装还在，则可以先放入原包装，再用小号缠绕膜封口。

3. 相机、电脑等贵重物品。此类物品最好装入原包装由主人自己带走，若放在搬家车上，则可能会因滑动而出现磕碰或损坏的情况。

用气泡膜保护镜头

4. **数据线**。所有数据线用魔术扎带缠绕，避免因裸露而出现安全问题。注意，缠绕时，先将魔术扎带缠绕一圈固定在线的一头，再用手指绕线固定，这样拆线时可避免扎带掉落。设备自带的原装数据线需要与设备一同打包，切勿分离，以免各种数据线混在一起而无法匹配。

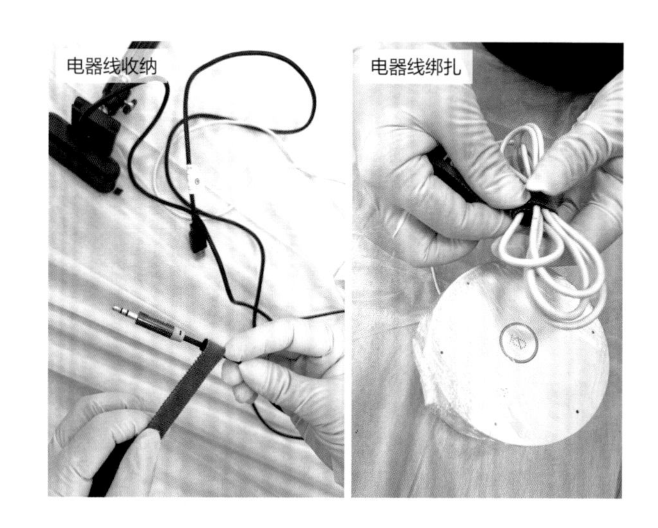
电器线收纳　电器线绑扎

装箱注意事项

电子产品装箱前，在纸箱四周铺气泡膜，可以起到缓冲的作用；尽量用小号纸箱，不可放入过多过重的物品，避免不同电子产品之间碰撞挤压；在封箱前利用气泡膜填充缝隙。

封箱后，在纸箱外的三面都贴上易碎标签，装车和卸车时叮嘱搬家人员不要压纸箱，尽量轻拿轻放。

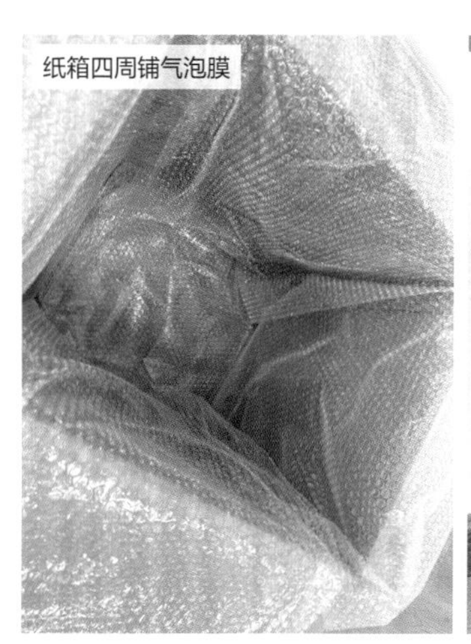
纸箱四周铺气泡膜

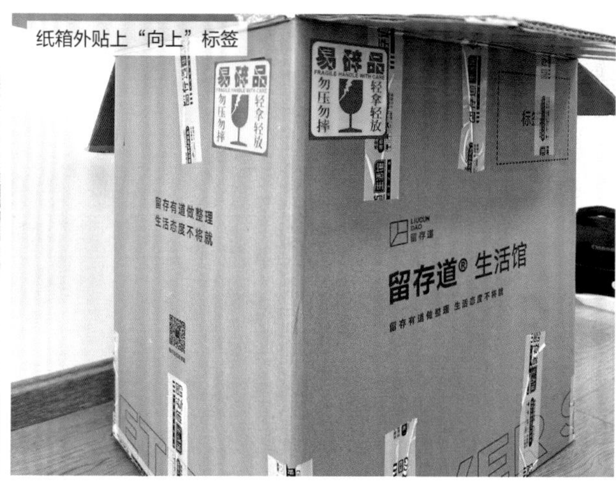

纸箱外贴上“向上”标签

乐器

乐器原来散落在书房、客厅和玄关各处，没有集中放置，孩子练习不太方便，而且在公共空间练习乐器会受到多方干扰。将乐器搬入新家后选择一个通风的房间作为乐器专用房，这样孩子练习时可以提高专注力。

乐器搬运 Tips

1. 搬运乐器的时间可与搬家时间错开，因为乐器体积比较大，需要充足的空间和时间对其进行合理安置。
2. 由于钢琴内部结构复杂，因此遇到颠簸或者震动时，内部零件容易损坏，音准会受到影响，必须找专业师傅搬运。
3. 搬运前，检查钢琴滚轮是否被卡住，用毛毯或者软包装包裹钢琴表面，有效保护钢琴，避免其被刮伤。如果是长途运输，需要利用木架固定箱体。
4. 搬运钢琴时，琴背朝向墙壁，琴键朝向楼梯扶手。注意，琴键不能碰到扶手，琴脚不能碰到楼梯。待钢琴放平稳再装轮子，以免压坏地板。
5. 搬运钢琴时，不可用仰卧式的搬运方式，搬到车上后，叮嘱司机尽量慢行，避免急刹车。

家里的“乐器房”

经过这次搬家整理，新家达到了生活动线、家务动线、访客动线的最佳状态，让孟姐一家的生活更便捷。孟姐说：虽然住新房是一件很开心的事，但一想到搬家就头疼，没想到这次搬家完全不用操心，实现了拎包入住的愿望。

整理师来了

慧慧　安然

拥有好的收纳系统就像剥开贝壳、串起珍珠一样，家中的井然有序让你不会错失生活中的任意一颗珍珠

- 留存道宁波分院城市副院长
- IAPO 国际整理师协会宁波分会理事
- 资深空间管理师、资深整理收纳师
- IAPO 国际整理师协会认证讲师、留存道认证讲师

留存道拾贝团队于 2019 年进入整理行业，现已服务超600个家庭，受到多家主流媒体的采访报道。她们的客户从政界人士、商业大咖、著名编剧到普通有需求的人士都有。她们还获得多项荣誉，如2019年“十佳优秀学员”，2020年“最佳团队”“快速成长之星”“最佳新人”，2021年“最强团队”“十佳合伙人”。

家庭药品要分类整理

旧 家

房屋类型 三室两厅

房屋面积 240 平方米

家庭组成 一家五口（爸爸、妈妈、女儿、爷爷、奶奶）

新 家

房屋类型 四室两厅

房屋面积 600平方米

家庭组成 一家五口（爸爸、妈妈、女儿、爷爷、奶奶）

薇姐新家的储物空间很大，对于五口人来说足够使用，但是物品种类较多，而且长辈们的药品、保健品、理疗保健仪器等比较多，导致搬家整理有一定难度。

薇姐特意在新家的二层为两位老人准备了一个很大的房间，并考虑他们的储物需求，在衣柜旁边预留空位，增加储物空间，满足老人的储物需求。此外，她还在这里增加一个带抽屉的矮柜，并在矮柜上方规划了一些电源点位。

矮柜的台面可以满足两位老人平时烧水、摆放水杯的需求，抽屉可用于收纳他们每日所需的药品和保健品，下方储物区用于收纳备用的药品、囤积的保健品和体积较大的医疗仪器。

入住需求

- 由于三代人同住，因此边界感是他们的第一需求。
- 老人的生活动线以简短为主。
- 因为男主人是外国人，中文不是很熟练，所以他的药品需要单独收纳。

解决方法

- 将每个人的私人物品规划在属于自己的房间内，避免交叉放置，从而利于各成员保持一定的边界感。
- 将两位老人的物品集中放在同一楼层，方便他们拿取。
- 男主人在国外购买的药品可单独收纳在书房，不要与其他药品混放在一起。

打包药品前，逐一检查保质期。通常，老人有一些需要每日服用的药品，如治疗糖尿病或高血压的特效药，这类药品一般不会出现过期的情况。但家庭常备药，如感冒药，会出现过期的情况。检查时，每一个包装盒都需要打开看一眼，如出现空盒子，则将其作为是否需要保留的筛选项；如内部药品与包装盒不匹配，则先匹配正确再打包。

对药品进行标签备注

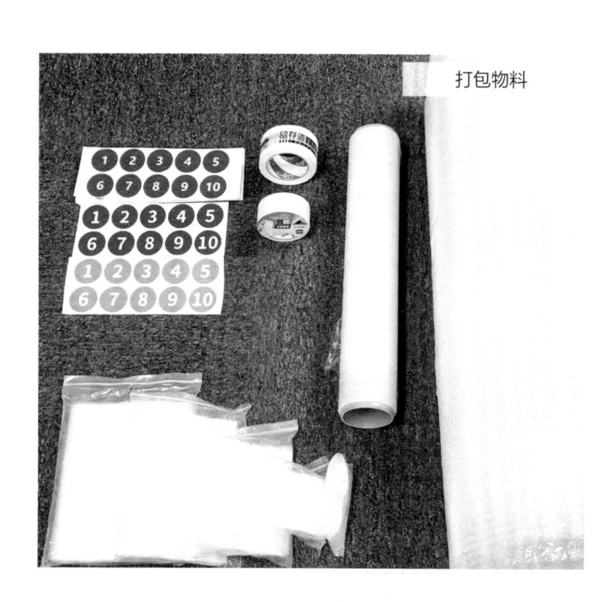

打包物料

药品打包物料

- 小号纸箱
- 食品级密封袋
- 食品保鲜膜
- 气泡膜
- 珍珠泡沫棉
- 保温袋
- 冰袋
- 透明胶
- 美纹纸
- 标签

最容易打包的是盒装类药品。这类药品包装规整，不易破碎，能够承受轻度挤压，用竖式收纳法直接装进纸箱即可，纸箱内外无须做过多保护。若药盒破损则可用美纹纸将破损部位粘好，防止药品滑出，或用密封袋将整个药盒装进去。注意，药品、药盒和说明书需要成套密封。

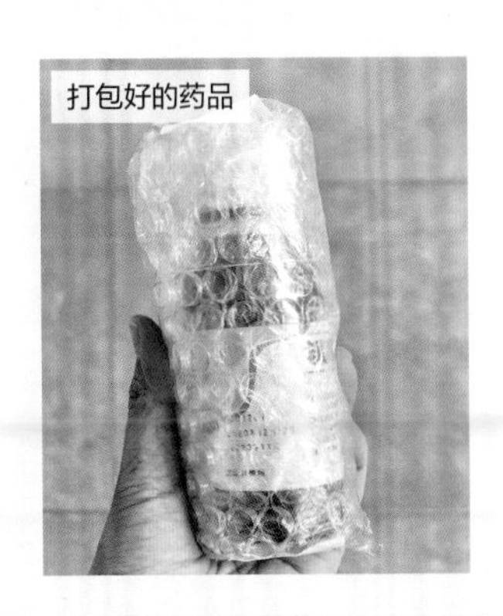
打包好的药品

没有外包装盒的瓶装类药品易破损，一定要注意密封瓶口。先将瓶口用食品保鲜膜缠绕，再用美纹纸将封口固定，从而解决液体药物泄漏的问题。对于部分较薄的玻璃瓶，可以在瓶外包裹一层气泡膜。装箱时，瓶口向上放置，装箱后在纸箱外贴上易碎向上的标签。

中药需要格外注意。未煎过的、用药纸包裹的中药可用密封袋封装，防止运输过程中药纸破损、药渣外露。已经煎过的袋装中药装箱前在纸箱内的底面和侧面铺上两层气泡膜，并提醒搬运师傅搬运时轻拿轻放。另外，因这类药品没有说明书，通常只附有一张手写的医嘱或服用方法，故需要与药品包在一起，不可分开放置。

另一种需要特别注意的药品是低温保存药品。清点这类药品的数量，提前准备适量冰袋和保温袋。用安瓿瓶包装的药品容易变质，在运输过程中，除了应在保温袋内部铺满气泡膜，还需要将每一个安瓿瓶用珍珠泡沫棉包裹，将它们隔开，装箱时不能排列得太紧密，既要防止搬运时出现摔打挤压的问题，又要防止纸箱内部的药品互相碰撞。

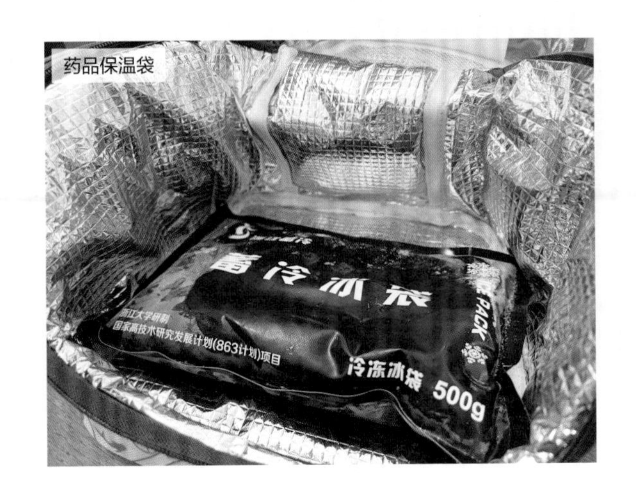

药品保温袋

经过上述步骤，药品的分类打包就算完成了，这样可以确保运输时药品完好无损，而且为新家复原整理打下良好的基础。

薇姐家的这次搬家与其他家有所不同。家里的长辈参与较多，但他们接受新理念的过程较慢，尊重他们的意见和生活习惯尤其重要。两位老人习惯用几个铁皮盒分装备用的感冒药、消炎药、肠胃药等，在不更换收纳用品，不贴标签的情况下，他们自己非常清楚哪个铁盒里装的是哪类药品，这时没必要强迫他们接受专业的整理理念，而应该在保证整理效果的前提下，尽量尊重他们的习惯。当然，常规药品和男主人在国外购买的药品依然可以按照专业的整理方式进行。

按照类别进行药品收纳

收纳盒外贴上标签

将物品搬入新家后，整理师只用了三天时间就将一栋别墅整理完毕，这便是规划的神奇作用。科学合理的规划和专业的整理技巧以及实用的收纳用品可以打造便利的生活方式。

整理师来了

石悦

整理处处有，生活不将就

- 留存道成都分院徐京团队联合创始人
- IAPO 国际整理师协会会员
- 高级空间管理师、高级整理收纳师

石悦从成为整理师至今，共参与整理服务超 200 个家庭，参与培养整理师超 20 名。她在成为成都分院的一员后，只用了 2 个月成为服务组长，10 个月就成为服务领队。她擅长全屋整理和搬家整理，目标是精进旧屋改造整理技能。

物品搬进新家后，最让人头疼的问题是收纳。几十个箱子堆在门口，物品被一件一件地“扔”进新家，实在是让人无从下手。明天换洗的衣服在哪里？今天烧水的壶在哪里？平时用顺手的清洁工具在哪里？一切都乱糟糟的。按照以下步骤一步一步地进行收纳吧。

1. 各归其位。将纸箱按照内部所装物品种类整齐地摆放到新家各自对应的空间内。

2. 清点。清点纸箱的数量，确保没有丢失和遗漏。

3. 拆箱。按照轻重缓急将对应空间放置的纸箱一个一个地拆开。

4. 定位。大件物品直接放置在对应空间，小件物品先定位再细化整理。

5. 整理收纳。小件物品放入对应空间后进行精细化整理。

6. 贴标签。在对应物品的收纳柜体外贴上标签，可帮助我们取用，待完全熟悉后再撕掉标签。

7. 陈列。将可陈列摆放的物品进行美学陈列，达到美化家居环境的目的。

上述步骤中最重要的是整理收纳，可按照下面的方式进行。

1. 衣服类：衣服尽量悬挂起来，不仅方便搭配，还能节约时间。最好使用植绒衣架，具有防滑、轻薄的特点，还不会占用空间。小件衣服折叠好放进抽屉。换季衣服用百纳箱收纳，放置在衣柜最上层。

2. 书籍类：按照类别进行竖向陈列。

3. 文具类：细化分类，用小抽屉或者小收纳筐收纳。

4. 厨房用品：将碗碟装入碗篮；实用干货用密封罐或者密封袋收纳；其他物品用收纳筐收纳。

5. 鞋：先按照人员再按照季节分类，然后收纳进鞋柜里。

6. 杂物：放入分隔盒，集中收纳进储物柜。

CHAPTER 4

第四章

新家规划和物品整理

让客厅成为家庭的明信片

玄关改造，鞋柜也是一道风景线

厨房不只有美食，还可以有美景

多功能餐边柜让餐桌更整洁

衣物收纳不只是断舍离

精致的男士衣柜

梦想中的化妆间

书房需要安静与美好

小宝宝的物品需要细心整理

让儿童房成为孩子成长的摇篮

兄妹俩的秩序新生活

高级与实用并存的卫生间

解决储物间的收纳难题

宠物的精致生活

让客厅成为家庭的明信片

旧 家	房屋类型	三室一厅
	房屋面积	100 平方米
	家庭组成	一家三口（爸爸、妈妈、孩子）
新 家	房屋类型	三室两厅加一个地下室
	房屋面积	200 平方米
	家庭组成	一家三口（爸爸、妈妈、孩子）

分区陈列储物柜

X 小姐在置换新房子的过程中需要暂时租房子住一段时间。在从旧家搬入出租房的过程中，她全程自己负责，非常辛苦，因此只要提到搬家，她就感到非常焦虑。

入住需求

- 书籍数量多，需要分区放置。
- 衣物尽量做到不用换季整理。
- 新家储物柜多，可对物品进行有序规划，使得动线合理。

解决方法

- 根据每个家庭成员的阅读习惯，为其规划不同的阅读区域。
- 改造衣柜，将衣服全部悬挂起来，以达到无须换季整理的目的。
- 根据每个家庭成员的生活习惯，打造适合他们的收纳体系。

客厅

客厅通常具有娱乐、学习、休闲等功能。在规划时，整理师应遵循以人为本的原则，从每个家庭成员的生活习惯出发，合理安排物品的位置。经过搬家整理，X 小姐家的客厅具备孩子练琴和阅读、父母阅读、接待客人等功能。

玩具陈列

客厅整理后

客厅归位 Tips

1. 书柜中的陈列品和书籍分区摆放。
2. 书柜中的书籍根据使用者分区、分类摆放。
3. 杂物和小件物品先分类放入储物柜，再搭配合适的收纳用品，从而达到方便拿取和归位的目的。

抽屉整理后

手办陈列

儿童区

对于小学高年级的孩子来说，学习是重中之重，整理时需要从孩子的学习情况和学习习惯出发。通常，卧室是休息和学习的地方，可以将经常阅读的书籍收纳在卧室的书桌和书柜里，而使用频率不高的书籍按照年龄和类别收纳在卧室对面的书柜里。

儿童区归位 Tips

1. 按照“能挂坚决不叠”的原则，将衣物全部悬挂起来，尽量不用换季整理。
2. 书桌里的学习用品按类别放进款式相同的收纳盒里，拿取方便，复位简单。
3. 书籍按照年龄、类别、功能等进行分类陈列与收纳，做到“有藏有露”。

书桌抽屉整理后

书籍整理后

每次搬家整理，从前期的打包到中间的运输再到后期的新家整理收纳，整理师都需要全程关注。虽然流程繁琐，但只要掌握方法，再复杂的事情都可以变得简单。

整理师来了

波波

品质生活，始于懂你

- 留存道宁波分院教育合伙人
- IAPO 国际整理师协会宁波分会理事
- 资深空间管理师、资深整理收纳师
- IAPO 国际整理师协会认证讲师、留存道认证讲师
- 受邀为多家企业、银行、政府、商户及学校开展线下高端沙龙
- 整理服务和设计储物空间超 50 000 平方米

波波从事整理行业 4 年，与小水一起创立了留存道宁波 MJ 团队，培养了一群年轻且充满正能量的整理师。她是个细节控，审美极高，在将客户的家打造得井然有序的同时实现整体的美感，获得众多客户的认可。

玄关改造，鞋柜也是一道风景线

旧　家　**房屋类型**　三室一厅
房屋面积　150平方米
家庭组成　一家四口（爸爸、妈妈、4岁女儿、外婆）

新　家　**房屋类型**　三室一厅
房屋面积　150平方米
家庭组成　一家四口（爸爸、妈妈、4岁女儿、外婆）

玄关摆件陈列

Z女士家是旧房翻新，装修期间全家人住在出租房内，从旧家打包过来的10箱物品一年都没动过，等着直接搬入新家。装修完的房子是跃层，一层是公共区域，包括客厅、餐厅和厨房；二层是私人区域，包括两个卧室和一个书房，书房还兼具茶室的功能。

入住需求

- 一层的客厅需要留出充足的空间让孩子玩耍和看书。
- 将一年四季的鞋全部陈列出来，尽量不做换季整理。
- 男士和女士的衣服分开放置，便于寻找，缩短搭配时间。

解决方法

- 一层的玄关和客厅空间比较充足，可作为鞋、日用品、儿童玩具的收纳区。
- 鞋柜区可增加层板，对空间进行扩容。
- 合理规划三个衣柜，尽量做到分类清晰、动线合理。

玄关

通过前期对物品的打包、分类和清点，整理师将新家玄关的一个鞋柜调整为两个。而且Z小姐家女士的鞋最多，其次是男士，最后是老人和孩子，因此将男士的鞋和老人的鞋放在同一个柜子里，女士的鞋和孩子的鞋放在同一个柜子里。

玄关整理前

玄关整理后

左边第一个柜子收纳的是男士的鞋和老人的鞋。整理师考虑老人不适合经常弯腰，特意将老人的鞋放在黄金区域，男士的鞋放在靠上和靠下的位置。

中间的柜子收纳的是女士的鞋和孩子的鞋。鞋柜的深度是 35 厘米，女士的鞋采用交错法摆放，4 岁孩子的鞋采用前后法摆放。1 米宽的鞋柜可放下孩子全部 13 双鞋。考虑孩子已经可以自主选择每天要穿的鞋，故根据她的身高，将她的鞋放在倒数第三层，方便她自己拿取。

需要说明的是，为了将鞋全部陈列出来，满足不做换季整理的需求，整理师精确计算每层层板之间的间距，运用层板加减法，重新定制层板，在原来的柜子里增加多个层板，对空间进行扩容。

最右侧的柜子用来放置孩子的玩具和书籍。客厅已经有一个小玩具柜，收纳的是经常玩的玩具，这里可放置不经常玩但又舍不得淘汰的玩具。孩子平时喜欢自己翻阅绘本，放在她自己伸手便可拿到的位置比较合适。

柜体整理 Tips

1. 鞋柜层板之间的高度可分为 15 厘米、20 厘米、25 厘米三种，这样可放置不同类型的鞋。
2. 当季及常穿的鞋放在视线可看到的位置。
3. 分类陈列时，可以按照每位家庭成员鞋的数量划分区域，也可以根据使用频率、动线等划分区域。
4. 儿童玩具柜最好选择可拼接的样式，这样随着孩子的成长，可以增加柜体，以满足逐渐增多的物品的收纳需求。

衣柜

家里一共有三个衣柜，主卧的是一个长1.8米的衣柜，小衣帽间的是一个长约2.5米的衣柜，榻榻米房间的是一个长约5米的衣柜。

主卧的衣柜放置的是一家三口常穿的衣服，考虑动线方便，将孩子的衣服安排在衣柜右侧。衣柜原来是上下两个短衣区，但因为孩子的衣服比较短，所以又增加了一根衣杆，将其变为上中下三个短衣区，符合孩子衣服的特点，可以最大化地利用空间。

主卧衣柜整理后

衣帽间衣柜整理后

衣柜左侧放置的是一家三口的家居服及贴身衣物、内衣等。

男士的衣服比女士的多。考虑两个人衣服的总量及两个房间衣柜的大小，将小衣帽间安排给女士比较合适，这样厚衣服及外套、包、帽子等全部都可放置在衣帽间内。

榻榻米房间的衣柜用来放置男士的衣服，而换季衣服和多余的被子、四件套等全部用百纳箱打包放置在上方。

榻榻米房间衣柜整理后

衣柜整理 Tips

1. 通常，衣柜挂衣区的高度是2米，若家里的孩子是6岁以下，则可以将衣柜分为上中下三层，以容纳更多衣服。
2. 按照“能挂坚决不叠”的原则，将当季及常穿的衣服尽量悬挂起来，并且使用超薄植绒衣架以节省更多空间。
3. 换季的衣服可以用百纳箱收纳，衣服平铺进去即可，既能减少衣服的折痕，又能节约打包时间。

Z小姐说，每个人都需要一次这样的彻底整理，当所有物品摆在面前时，我们才会真正地审视之前的生活方式，并因此而改变自己。

整理师来了

赵千晴

慢慢梳理，好好整理，
陪你感受生活的温度

- 留存道上海分院城市副院长
- IAPO 国际整理师协会上海分会理事
- 资深空间管理师、资深整理收纳师
- IAPO 国际整理师协会认证讲师、留存道认证讲师
- 曾被《住颜》栏目、《北京周报》、界面新闻、《上海劳动报》等多家媒体采访报道

赵千晴在踏入整理行业之前做的是销售工作，但她很快成为留存道上海分院合伙人，而且她带领的团队服务延米数连续3年排名全国前三。至今，赵千晴服务家庭超400个，培养整理师超300名。此外，她还参与录制湖南卫视《空间大作战》节目，为仇仇、墨菲等博主提供整理服务。

厨房不只有美食，还可以有美景

旧　家
房屋类型　四室两厅
房屋面积　500 平方米
家庭组成　一家四口（爸爸、妈妈、哥哥、弟弟）

新　家
房屋类型　五室三厅
房屋面积　1000 平方米
家庭组成　一家四口（爸爸、妈妈、哥哥、弟弟）

Z 小姐家的常住人口是四人，每个人每天都有自己的事情要忙，没有时间打理自己的物品，而且每个人都喜欢买东西，导致家里的物品数量越来越多。他们决定通过这次搬家改变以前的状况。

储物间一角

入住需求

- 厨房的所有物品都需要搬到新家，虽然做饭次数不多，但是需要保留所有厨具，并且根据使用者的习惯规划动线。
- 衣物的收纳以一目了然为主，经常穿的衣服以悬挂为主，不常穿的衣服放在非黄金区。
- 杂物间的每一类物品都需要陈列得当、定位定量，确保取用方便。

解决方法

- 厨房的物品种类较多，可结合动线将同类型物品集中收纳。
- 每个人的衣服分区收纳，将经常穿的衣服悬挂起来。
- 杂物间放置统一规格的货架，将物品放进统一的收纳容器里，贴上大小相同的标签，方便所有人寻找。

厨房

不管是经常在家里做饭还是偶尔在家里做饭的家庭，都有很多厨房用品，锅碗瓢盆、食材、调味品等总是塞满柜子，若没有定期清理，则厨房会沦为过期食材和调味品的集散地。

厨房整理前

调味品的收纳使用的是现在流行的上墙方式，这样存放既省空间又方便拿取。

墙面置物架

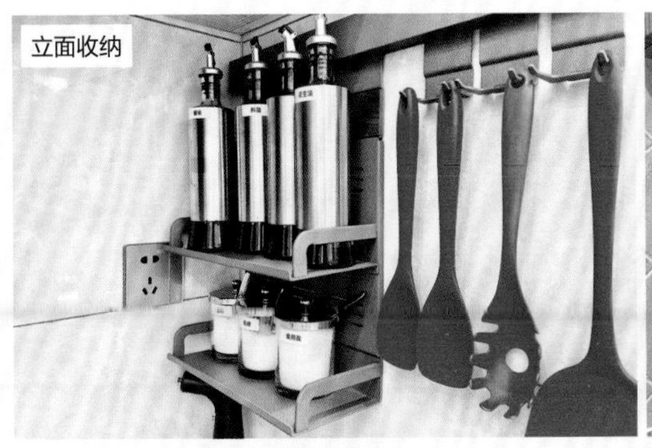
立面收纳

上墙收纳

调味品整理

调味品囤货放在哪里比较合适？

1．调味品囤货最好放在靠近灶台的位置。

2．使用分隔盒将调味品分类存放在抽屉内，从而解决重复购买的问题，这样就不会浪费了。

对于广东人来说，煲汤食材通常占厨房40%的空间，可将其放置在吊柜上，第一层是使用区，第二层及以上是囤货区，贴上标签，方便寻找。

煲汤物品分类

早餐食材或冲泡食品也多放置在厨房，可以存放在吊柜里，也可以在墙面添加一块置物板放置。冰箱旁边可挂一个投篮开瓶器，不仅方便使用，还可给厨房增添了一丝雅趣。

开瓶器

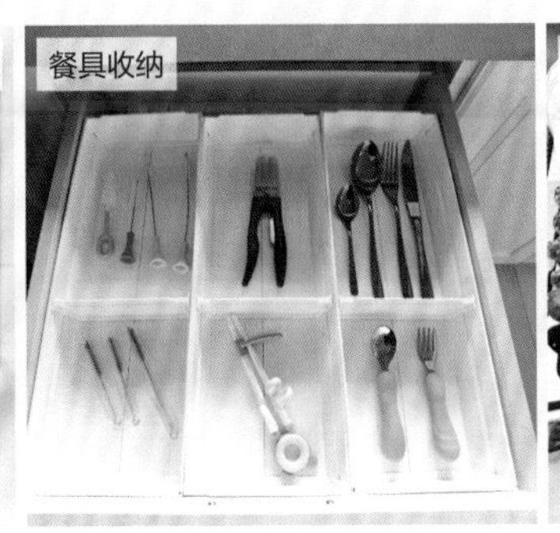
餐具收纳

碗碟收纳

器皿收纳

锅具收纳

若家里锅具很多，但空间又不够，则建议使用锅架来放置。一个 50~60 厘米高的地柜内可以放置 4 层锅架，而且可以根据锅的高度随时进行调节。

厨房可以摆放一盆绿植或者插一束鲜花，为生活增添一丝情趣。

摆放鲜花

储物间

Z 小姐有时会在家里宴请朋友、举办聚会，那么数量如此多的碗碟、锅具等厨房用品该如何收纳呢？

这类物品的使用频率相对较低，可将其规划在负一层杂物间的一整列柜子上，再用统一的货架和统一的收纳筐放置，并且在外面贴上统一的标签，这样找起来非常方便。

储物间整理后

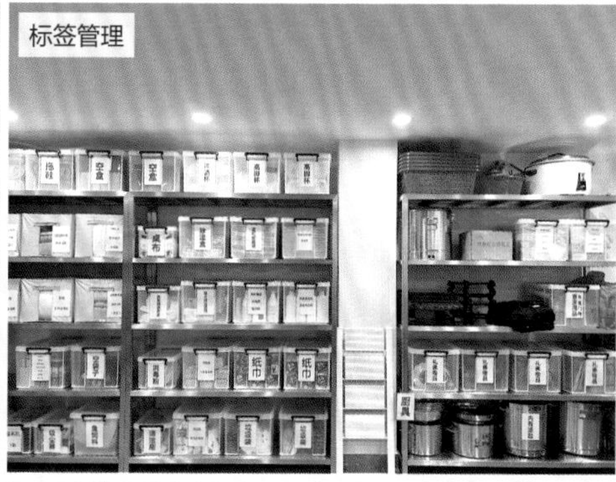
标签管理

Z小姐说：“在开启一段长时间的居住时光前，应把新家的空间功能规划好，为日后的生活打好基础。”

整理师来了

文婷

让整理走进千家万户，改变一代中国人的生活方式

- 留存道东莞分院城市院长
- IAPO 国际整理师协会常务理事
- 资深空间管理师、资深整理收纳师
- IAPO 国际整理师协会认证讲师、留存道认证讲师
- 迪卡侬华南区、深业集团特聘空间整理讲师
- 整理服务面积超 100 000 平方米，受邀多家企业开设讲座超 100 场，培训整理收纳师超 300 名

文婷被业内人士称为整理界的“小马达”。她有很强的空间规划能力，接手的案例从家居板块到企业、仓储、商铺等都有。文婷带领的留存道东莞分院成立于 2019 年，已为超 500 个家庭及企业提供整理服务，深受客户好评。留存道东莞分院致力于将不将就的生活态度传递到千家万户。

多功能餐边柜
让餐桌更整洁

旧 家	**房屋类型**	三室两厅
	房屋面积	95 平方米
	家庭组成	一家四口（爸爸、妈妈、哥哥、妹妹）
新 家	**房屋类型**	四室两厅
	房屋面积	200 平方米
	家庭组成	一家五口（爸爸、妈妈、哥哥、妹妹、外婆）

酒柜整理后

林女士希望在新年伊始住进新家。在搬家前，整理师对林女士的新家和旧家分别进行了诊断，对旧家的物品进行了全面盘点。林女士的新家空间比较大，柜体也比较多，但是内部结构需要进行进一步调整。

入住需求

- 临近新年，时间比较紧张，需要在两天内完成入住。
- 新家的居住人员比较多，应做到物品分类明确，为每位家庭成员规划属于自己的区域，从而让他们都能够管理好自己的物品。
- 婴幼儿物品比较多，应集中收纳，缩短动线，方便拿取。

解决方法

- 打包时，先将物品进行详细分类，再用收纳用品分装好，最后装箱，并且在纸箱外标注新家摆放的位置。
- 对新家部分柜体的结构进行调整，扩容柜体，以便物品能够分区收纳，这样每位家庭成员的每件物品都能放在固定位置上。
- 婴幼儿物品可按照食物和日用品进行分类打包，并提前规划好新家放置的区域。

玄关柜整理 Tips

1. 根据鞋的高度，增加层板，调整柜体内部结构，让每位家庭成员的鞋都有专属空间。
2. 收纳盒的样式尽量统一，并在外面贴上标签，方便日常取用。
3. 餐边柜中间带玻璃门的区域可摆放收藏的酒，尽量以陈列为主。
4. 打包时，酒类物品需要格外注意，以免破损。

餐边柜和酒柜

新家的餐边柜靠近玄关，可以将餐边柜和玄关柜合并在一起进行规划。当季的鞋收纳在玄关侧边的矮柜里，换季的鞋集中收纳在带木门的柜子里。餐边柜预留一部分空间收纳婴幼儿食物和日用品。

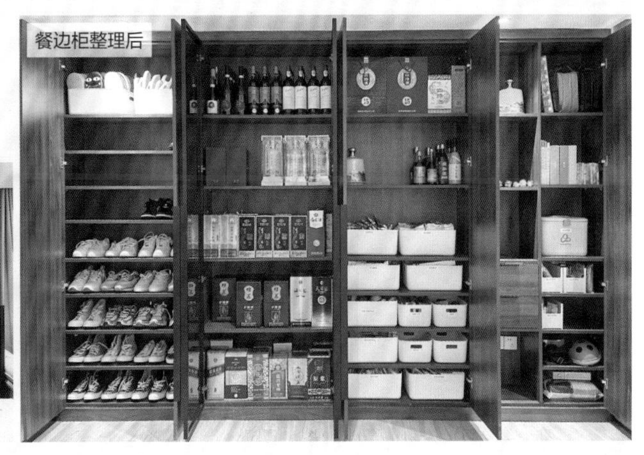
餐边柜整理后

餐边柜整理前

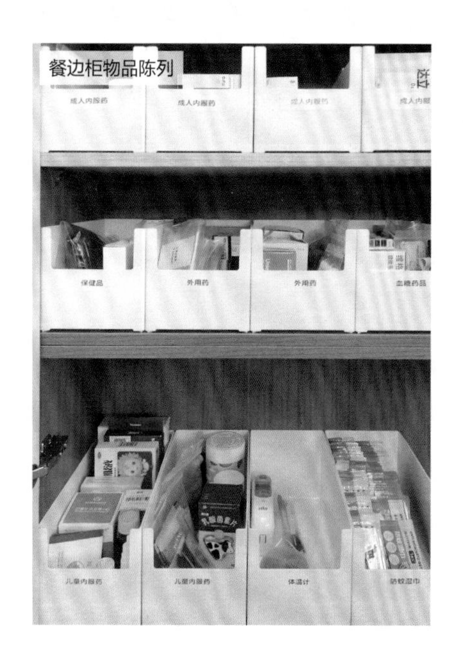

餐边柜物品陈列

林女士的先生收藏了各种各样的酒，可以将它们统一放置在餐厅一组带玻璃门和灯带的柜子里，按照类别、产区等分类陈列。

药品可在搬家前进行分类和筛选。将已经过期的药品处理掉；未过期的药品搬进新家后，按照成人和儿童、内服和外用等进行分类，装进直角收纳盒中，贴上标签，放置在新家的餐边柜里。

餐厅餐桌

林女士自己陆续搬运了一些物品到新家，但是来不及收拾，只能集中放在餐厅地上。这些物品拆箱后都需要进行分类，并与从旧家搬过来的其他同类物品合并收纳。

餐桌整理前

餐桌整理后

餐桌整理 Tips

1. 尽量不要在餐桌上堆放过多物品，保持桌面清爽、整洁。
2. 有婴幼儿的家庭，在不影响通行的情况下，尽量将餐桌和椅子靠边放，以免磕碰到孩子。
3. 最好在餐桌附近配备一个餐边柜以收纳日常就餐的小工具、零食、饮料等。

对于大多数家庭来说，搬家是一件大事，需要花费很多的时间和精力，但新家又非常有吸引力，每个人都对新家充满了期待，希望自己的家能够时刻保持井然有序的状态，这就需要从搬家开始准备好。

整理师来了

雅云

慢慢梳理，好好整理，
陪你感受生活的温度

- 留存道南昌分院教育合伙人
- IAPO 国际整理师协会南昌分会理事
- IAPO 国际整理师协会认证讲师、留存道认证讲师
- 2020 年留存道年度“快速成长之星”“最佳新人”
- 江西卫视采访嘉宾
- 知名企业、商联中心楼盘等特邀整理讲师

雅云于 2017 年进入整理收纳行业，为很多家庭解决了整理收纳问题。她之前从事的是财务工作，这份工作培养了她的耐心与细心。她之所以选择当整理师，完全出于兴趣。她服务超 100 个家庭，从 50 平方米的小户型到 300 平方米的大平层、500 平方米的别墅等各种房型都有涉及。怎样才是家最舒服的状态一直是她思考的问题。她觉得首先是不将就，其次是每一件物品都要有自己专属的位置。理想的家就是家庭成员之间注重边界感，相互理解、包容，共同维护家的秩序。

衣物收纳
不只是断舍离

旧　家	房屋类型	两室一厅
	房屋面积	80平方米
	家庭组成	单身
新　家	房屋类型	三室两厅
	房屋面积	140平方米
	家庭组成	单身

上衣分类悬挂

丽姐的这次搬家有点急。她的生活有了一些变化，于是将自己买的第一套房子挂牌出售，买了一个更大的房子，但买家要求过户第二天就移交房屋。丽姐很是着急。丽姐的旧家有一个房间是专门作为衣帽间的，但这个衣帽间无法容纳她的所有衣服，除了衣柜，地上、沙发上、床上也全是衣服。面对这种情况，整理师需要在新家规划一个空间，想方设法地将所有衣服都放进去。

入住需求

- 所有衣服都需要保留，并且尽量将它们都悬挂起来。
- 需要将心爱的衣服、包、鞋放在抬眼可见、伸手可取的位置。

解决方法

- 将独立衣帽间规划为当季衣服悬挂区。
- 衣帽间的层高较高，可以将 2 米以上不方便拿取的位置规划为换季衣物收纳区。
- 次卧的衣柜可规划为换季衣服悬挂区，将不方便折叠的衣物悬挂在这里。

衣帽间

新家的衣帽间格局比较合理，不需要进行太多调整，但由于衣服太多，若不进行分类和陈列，则会显得非常凌乱。

打包好的纸箱

衣帽间空间规划

衣服分类

衣服整理

打包衣物 Tips

1. 打包到新家的衣服一定要统一拆箱，若拆完一箱整理收纳，再拆一箱再整理收纳，则容易出现复工的情况。在你以为就要大功告成的时候，或许会在某个角落看到被遗忘的几个纸箱。如果在打包环节即做好每箱物品的细致分类，那么拆箱就会变得简单很多，对照打包清单逐一去掉即可。
2. 在不清楚柜体的实际容量时，一定要确保当季衣服可全部悬挂起来。如果能实现所有衣服悬挂当然最好，万一不可行，只需要将换季衣服收纳即可。
3. 整理新家物品时应遵循“先多后少，先易后难”的原则。

换季衣服

通常，换季衣服用平铺的方式放进百纳箱，以节省衣柜空间，但一些特殊材质的衣服不能长时间折叠和挤压，比如貂皮大衣、羊绒大衣、皮衣、皮毛一体的上衣，若被挤压则会对其纤维造成不可逆的影响，因此一年四季都需要悬挂起来。还有一类衣服是西装和套装，这类衣服的季节性不明显，而且容易出现褶皱，最好的方法是将它们悬挂起来。

那西服到底需不需要成套悬挂呢？

若你是一名搭配达人，会一衣多穿，则不需要成套悬挂，将衣服分门别类地悬挂即可，以此激发搭配的灵感。

扣好衣服扣子

衣服悬挂收纳

上衣悬挂细节

通过这次搬家，丽姐终于清楚地知道了自己衣物的数量，衣服大约有 4000 件，鞋有 350 双左右，包接近 200 个。每一个她都很喜欢，不愿意用断舍离的方式减少自己的物品。其实，整理收纳与断舍离并不是紧密相连的。在做整理时，整理师应该尊重每个人的理念，尽量用他们喜欢的方式进行整理收纳。

当丽姐看到新衣帽间时，一连发出好几声感叹：“天哪，我怎么有这么多衣服？”“妈呀，这件衣服我找了好久。”“呀，这件衣服我怎么买了两件一模一样的啊！”

当所有物品呈现在眼前时，你才会直观地了解自己的物品量。

用空间控制物品的数量，进而用物品的数量限制人的欲望，这是整理的意义之一。

整理师来了

李珊

做整理师的价值是
让客户爱上生活

- 留存道成都分院运营负责人
- IAPO 国际整理师协会成都分会理事
- 资深空间管理师、资深整理收纳师
- IAPO 国际整理师协会认证讲师、留存道认证讲师

李珊于2018年进入整理行业，服务超600个家庭。她爬过6层老房子的楼梯，也坐过5层别墅内的电梯；搬过知名设计师打造的家，也改造过老旧二手房。正是因为这些不同的经历，成就了身经百战的她。她还悟出一个道理，家不仅是一个有爱、有生命力的地方，也蕴藏着主人的智慧。对于她来说，爱上回家不是重点，爱上生活才是关键。

精致的男士衣柜

旧　家　房屋类型　一室一厅
房屋面积　60 平方米
家庭组成　单身

新　家　房屋类型　两室一厅
房屋面积　80 平方米
家庭组成　单身

小件衣服整理

C 先生在北京打拼多年后买了一套属于自己的房子，于是他需要从租住的单身公寓搬到两室一厅的新房子里，但旧家打包、联系搬家公司、搬运、新家整理实在太耗时耗力了。

入住需求

- 衣服最好不做换季整理，留出充足的衣柜空间。
- 大部分衣服需要搭配好悬挂起来，这样可节约很多时间。
- 因工作和个人生活习惯等原因，需要在两天内完成新家的整理工作，达到入住标准。

解决方法

- 家里只有一个人居住，可以将主卧衣柜规划为当季衣服的收纳空间，客房衣柜规划为换季衣服的收纳空间。
- 改造衣柜内部格局，增加短衣区，将 2 个短衣区变为 4 个，这样除了小件衣物，其他衣服都可以悬挂起来。
- 搬家前确认新家储物空间的尺寸，并在旧家打包时将物品分类收纳进相应的收纳用品中，搬到新家后直接摆放即可，这样能减少重新定位和选择收纳用品的时间。

主卧衣柜

主卧的床尾正对着衣柜，两者之间的距离较近，为了方便拿取衣服，可将常穿的衣服规划在两边，从而减少中间开门的次数。小件衣物用纸质分隔盒分类收纳。包可以根据大小和使用者的喜爱程度进行陈列。

衣柜空间整理 Tips

1. 男士的衣服款式相对较少，而且多为短衣，可以根据这些特点多设置短衣区。
2. 在悬挂区高度不足 2 米的情况下，若按照 92.7 厘米的标准划分为上下两个短衣区则会出现衣服托底的情况。为了不让衣服堆在下面，建议选择自身高度较小的鹅形裤架，这样能够提高裤子的悬挂高度，弥补层板高度不足的问题。
3. 衣物打包装箱前应做好分类，从而为新家复原整理节省时间。
4. 合理地利用现有的储物工具，将怕压的物品单独打包。

包的陈列

上衣悬挂陈列

裤子悬挂陈列

餐边柜

打包时尽量精细一些，并且提前确定好每一个收纳盒放在新家某个柜子的第几层。定点式打包可节省很多时间，在旧家将物品装入收纳盒，整盒打包，搬到新家后直接放在相应的位置即可，这样用一天时间就能完成收纳工作。

餐边柜物品分类收纳

餐边柜物品分类打包

纸箱放置在地板防护膜上

新家的每一块地砖和每一面墙都是主人用心打造的，纸箱搬入新家指定地点前应做地板保护，可以在地板上铺一层防护膜，这样可避免出现地板压痕和划痕的问题。

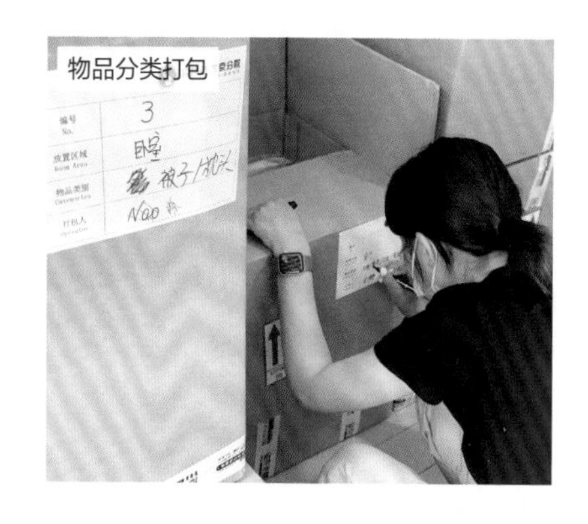

在整个搬家过程中，从物品的分类打包到纸箱护送搬运，再到进驻新家的地板维护和物品收纳，无不体现了专业搬家的魅力。

整理师来了

蔡蔡

用整理传递温度，
用整洁为爱升温

- 留存道北京分院城市副院长
- IAPO 国际整理师协会北京分会理事
- 资深空间管理师、资深整理收纳师
- IAPO 国际整理师协会认证讲师、留存道认证讲师

蔡蔡拥有丰富的整理经验，为企业高管、明星、导演等各种职业的人提供过专属整理服务，而且曾作为中央电视台、法国电视台和中央电视台国际台的特邀整理师嘉宾参加节目，是《南方人物周刊》《经济日报》等媒体的专访人物。她带领全国唯一一支由海归整理师组成的专业团队为各个家庭提供整理收纳服务。2022 年她被留存道整理学院评为“十佳合伙人”“优秀讲师”“最强个人”，她带领的团队被评为“最佳团队”和“最佳城市团队”。

梦想中的化妆间

旧　家	**房屋类型**	一室一厅
	房屋面积	50 平方米
	家庭组成	单身
新　家	**房屋类型**	三室一厅
	房屋面积	150 平方米
	家庭组成	单身

亦女士经历过一次搬家，那次搬家很慌乱，不光拼体力，还拼脑力，从买纸箱的那一刻开始就需要不断地处理各种事情。

“箱子买少了，临时用塑料袋装的，搬运的过程中好多塑料袋破了，实在是惨不忍睹。”

“这边正忙着装箱呢，那边又要和搬家师傅沟通。”

“好不容易安排好搬家师傅，夜已经深了，需要用的东西一个都找不到。”

亦女士不断地诉说着搬家有多痛苦。

这可能是大部分人在搬家时都会遇到的问题。

化妆品分类收纳

入住需求

- 香水、香薰等易碎品应完好无损地搬入新家。
- 化妆品种类较多，需要集中收纳。
- 为无处安放的护肤品囤货安排一个“小家”。
- 香薰需要陈列出来，动线合理，取用方便。
- 衣服尽量全部悬挂起来，以节约搭配时间。

解决方法

- 易碎品用气泡膜打包，并填充空隙，防止搬运过程中因晃动而出现破碎的情况。
- 虽然新家没有梳妆台，但可以利用小推车集中收纳化妆品。
- 在衣帽间的一个柜体中增加层板，将其作为储物柜，存放护肤品囤货，并且进行可视化收纳。
- 香薰可按照颜色、形状等进行美学陈列。

北卧

亦女士是一个人居住，卧室留一到两个即可，这样可以将北卧改造为“书房”，并在其中安排一个香薰、化妆品等的摆放区域。化妆品先分类，再根据化妆顺序及使用频次摆放，方便拿取。

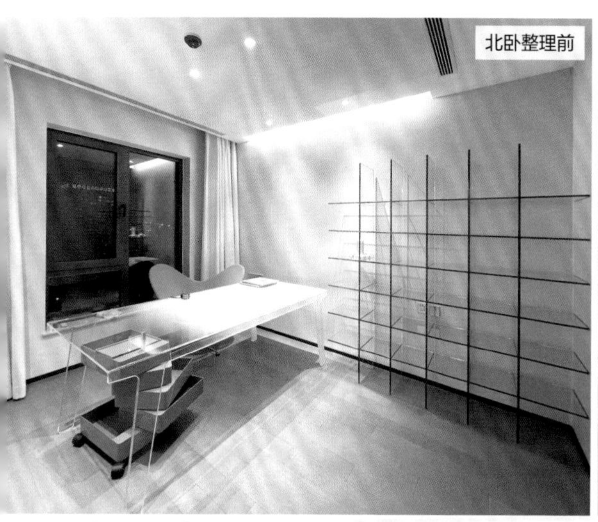
北卧整理前

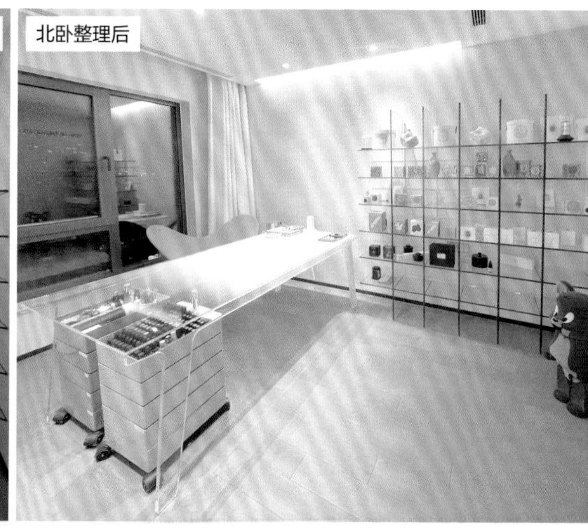
北卧整理后

搬家整理 Tips

- 若家里的桌子没有任何储物功能，则可增加几辆小推车收纳物品，既美观又实用。
- 化妆品分类时，首先按照功能，再按照形状、品牌等顺序，比如先按照眼影、腮红等功能进行划分，再按照眼影的品牌、形状等进行陈列。
- 易碎品先用气泡膜包裹，再用美纹纸封口。
- 打包时，将所有易碎品集中装在一个纸箱里，并在纸箱外贴上易碎标签。
- 列一个清单，将物品类别及所属空间写清楚，方便清点纸箱总数。

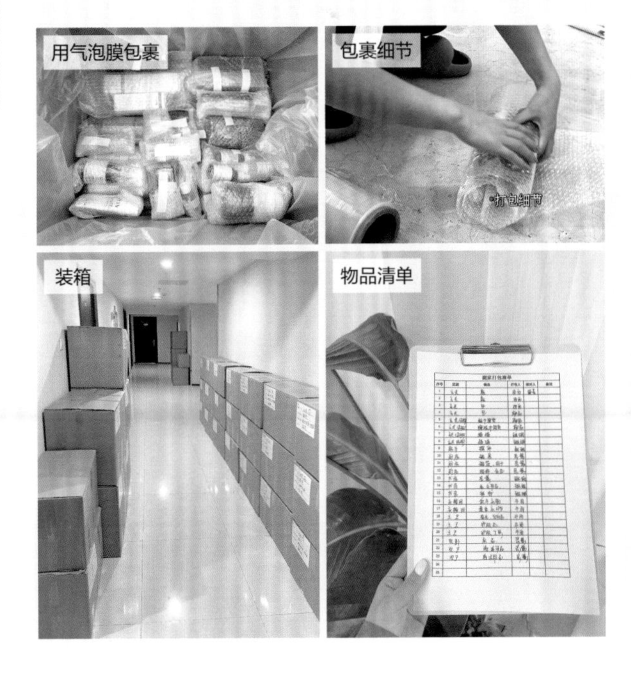

护肤品柜改造

因为衣帽间的挂衣空间比较充足，所以将靠近卫生间的柜体改造为护肤品囤货柜，并且利用层板加减法和收纳用品加减法对其进行分类整理。其他柜体依旧用来悬挂衣服，遵循“能挂坚决不叠”的原则。

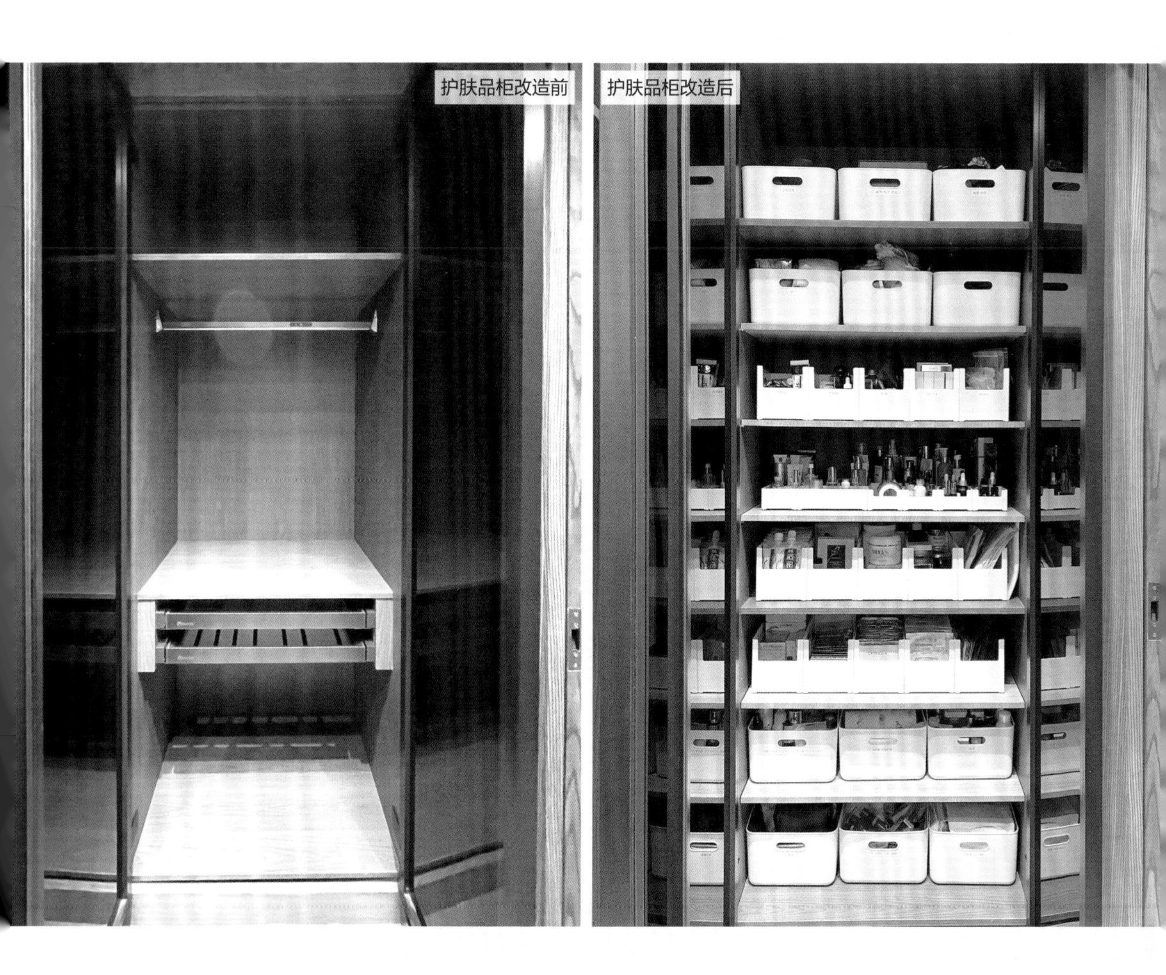

陈列区一角

旧家分类打包——装箱搬运——新家归位陈列，这似乎是一个简单的步骤，但只有搬过家的人知道这个过程有多复杂。亦女士说，她喜欢现在这种井然有序的生活，能让她时刻感受到家的温暖。

整理师来了

韩兴　瑾萱

用整理收纳重建生活秩序

- 留存道沈阳分院城市副院长
- IAPO 国际整理师协会沈阳分会理事
- 资深空间管理师、资深整理收纳师
- IAPO 国际整理师协会认证讲师、留存道认证讲师
- 培养整理收纳师超 300 名、整理服务面积超 80 000 平方米

韩兴和瑾萱从2020年进入整理行业，创立了留存道沈阳韩兴团队。2021年，韩兴获得留存道“十佳合伙人”的荣誉，瑾萱获得“年度优秀管理运营奖”的荣誉。他们拥有丰富的服务经验。他们是新华社《Z世代》特邀整理师，是多家知名企业特约整理讲师。

书房需要安静与美好

旧　家

房屋类型	四室两厅
房屋面积	140 平方米
家庭组成	一家四口（爸爸、妈妈、哥哥、妹妹）

新　家

房屋类型	四室两厅
房屋面积	140 平方米
家庭组成	一家四口（爸爸、妈妈、哥哥、妹妹）

书籍陈列

Z 女士希望在较短的时间内完成搬家和新家的全屋整理这两件事，从此拥有一个井井有条、不易复乱的家。

入住需求

- 快速打造一个井然有序的家，希望尽早恢复正常的生活节奏。
- 改造有设计缺陷的储物格局，达到取用方便、维护方便的效果。
- 打造书籍阅读区和休息区。

解决方法

- 提前做好搬家准备，在规定时间内完成搬家和新家整理工作。
- 重点改造主卧衣柜和鞋柜的内部格局，扩容空间，提高利用率，尽量减少维护成本。
- 将所有书籍完好无损地搬到新家，并进行分类陈列。

所有书籍从旧家搬到新家，从打包拆箱到陈列上架，都需要进行分类整理与规划收纳。

对书柜进行整理收纳时可遵循以下几个原则。

摆放书籍时，同类型的集中放在一起，从高到低，正面齐平，必要时可使用书立防止倒塌。

多人共用一个书柜时，按照使用者的习惯和使用人群划分各自的区域。

书架一角　书柜整理后

书籍前面不要摆放小物品，以免影响拿取。

在书柜的视线黄金区，优先摆放喜欢的、想看的和必看的书籍。

在书柜的上方区域，摆放不常看的、重量较轻的或有收藏意义的书籍。

在书柜的下方区域，摆放尺寸较大的和形状不规则的书籍，也可摆放绘本类书籍，方便孩子自己拿取。

如果书柜的下方有柜门，则可以隐藏式收纳相册、摆件、资料等物品。

书柜整理 Tips

1. 装修时，为书柜规划充足的收纳空间。
2. 整理时，先将所有书籍做细致分类，再根据阅读习惯和使用需求将它们陈列到书柜的各层。
3. 书柜的多余空间可做分格处理，摆放一些精致美观的摆件。

书柜整理前

新家的书房与客厅之间原本有一堵墙，但不是承重墙，打通可以显得更宽敞一些。经过整理，所有书籍和物品按照类型和使用成员分区摆放。考虑孩子的身高和安全因素，书柜的下面两层陈列的是儿童书籍，方便孩子自己取用、归位。书柜的右侧为玩具和摆件的陈列区。书柜的左侧是储物柜，可存放各类文件、资料等。通体式柜门配合无拉手设计让书房整体看上去更整洁。

书籍分类陈列

搬进新家后，Z女士有了更多可支配的时间，终于可以在陈列得当的书柜前挑选书籍，坐在舒适的榻榻米上细细品读，也可以在落地窗前静看窗外云卷云舒。这真正体现了：整理，是为了让生活更便捷，而不是给生活找麻烦。

整理师来了

颜雅红

专心整理每一件物品，
用心收纳每一寸空间

- IAPO 国际整理师协会会员
- 高级空间管理师、高级整理收纳师
- 服务整理面积超 20 000 平方米

颜雅红于2018年辞职进入整理行业，她将空间规划与整理收纳相结合，致力于为更多家庭打造有序且舒适的居家环境。她是街道社区、大学、企事业单位的特邀整理收纳讲师，是企业家、公职人员、银行高管、自媒体博主的御用整理师。

小宝宝的物品需要细心整理

旧　家

房屋类型　三室两厅

房屋面积　140平方米

家庭组成　一家三口和阿姨（爸爸、妈妈、一岁半男孩、阿姨）

新　家

房屋类型　四室两厅

房屋面积　260平方米

家庭组成　一家三口和阿姨（爸爸、妈妈、一岁半男孩、阿姨，未来会有老人同住）

璐璐说她搬家的主要原因是原来的房子已经容纳不下他们一家人的所有物品了。他们现有的物品数量已经严重超过旧家收纳空间的承载量，这导致他们每天生活在拥挤的环境中。一个生活了十年以上的家庭所积攒的东西多达上万件，而且孩子的生活易耗品多、玩具多，这些都是搬家困难的因素。新家是二手房，考虑孩子还小，搬家又急，璐璐没有对新家进行整体装修，只做了必要的改动。新家的收纳空间不少，但是规划不到位，有的地方柜子太多，有的地方柜子又太少，而且很多柜子的格局不合理。

入住需求

- 孩子需要和父母同住楼上的卧室，白天由阿姨带着在楼下活动。
- 楼下有三个房间，一间留给腿脚不便的老人，一间做客房兼书房，还有一间安排给阿姨住。
- 楼上的衣帽间空间不够，且结构不合理，层板多、挂衣区少，有一组柜子的进深只有 40 厘米。
- 楼下的衣帽间暂时用不上。
- 玄关的零碎物品缺少收纳空间，应将其进行合理收纳。

解决方法

- 根据使用者的动线，确定物品的收纳位置。孩子住在楼上，可以将楼上衣帽间 40 厘米深的柜子作为孩子的衣柜。孩子的活动区在楼下，可以将消耗品如湿巾等收纳在楼下阿姨的房间中。
- 打造玩具专区，实现玩具的集中收纳，从而培养孩子自己收纳物品的习惯。
- 改造楼上的衣帽间，去掉层板，增加挂衣区，放置女士的内搭衣物。楼下的衣帽间放置女士的外套、包和不常穿的礼服裙，并在包的收纳区增加层板。
- 玄关处放置一个小柜子，打造出门小物件收纳区，解决出门和进门随手放东西的问题。

物品登记

物品打包

打包箱编号

打包完成

宝宝囤货柜

整理师将一个闲置的衣柜里面的拉篮拆掉，全部安装到囤货柜里，代替原来的层板和抽屉。通过这样的内部分隔，可充分利用垂直空间，可将其变成宝宝的囤货柜。同类物品用前后摆放的方式进行收纳，这样很容易看到剩余的量，既能及时补货，又不会一次买太多。盲目添置新家具，不如优先利用好旧物。

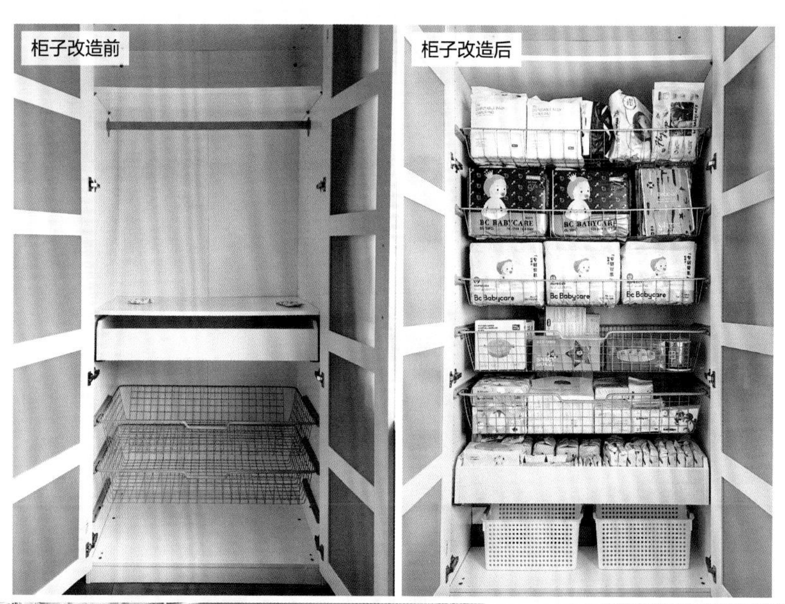

柜子改造前　柜子改造后

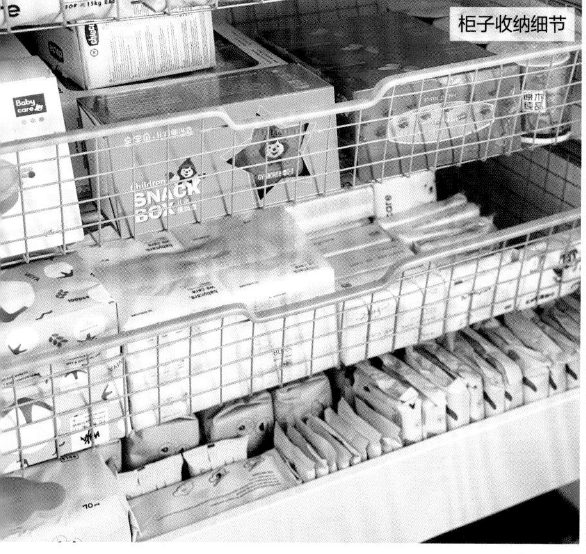

柜子收纳细节

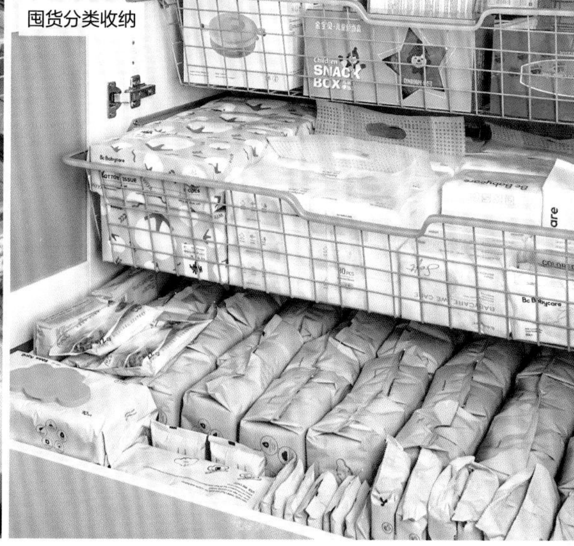

囤货分类收纳

儿童食品收纳

儿童食品分类收纳

玩具区

孩子的玩具数量很多，如果没有对其进行分类，容易出现找不到、随手放的问题，久而久之，家里到处都是玩具。面对这些玩具，家长可以按步骤进行收纳。首先，按照年龄分类，把适龄玩具集中放在一起，超龄玩具收纳起来，不再玩的玩具放置在待处理区。其次，将适龄玩具按照功能分类，放在抽屉盒里，外面贴上标签。最后，将特别喜欢的大型玩具陈列出来。

玩具区整理前

玩具区整理后

玩具整理 Tips

1. 在玩具分类过程中，需要把散落的配件一一找到，凑成整套一起收纳。
2. 随着孩子的成长，玩具种类不断地发生变化。开放式玩具柜可以随着孩子们的成长阶段调整。比如，拆掉抽屉盒，增加层板，可用来收纳书籍和书包，也可用来陈列乐高。
3. 柜子不好用的原因是柜内空间被大量浪费，比如，柜子底部塞得很满而上部空间闲置不用，因此在纵向空间内建立良好的收纳体系非常重要。
4. 高效的收纳方式是尽量更多种类的物品放置在视线可见的范围内。

开放式玩具收纳柜比较适合低龄宝宝。这种玩具柜分类明确，可以通过贴标签的方式让家长很快找到玩具；收纳盒没有盖子，可以减少拿出来和放回去的时间；收纳盒不可视，有利于培养孩子的专注力，孩子看不到里面的玩具，就不会被这些玩具吸引，也不会频繁地更换玩具。慢慢地，家长可以引导孩子建立良好的秩序感，培养自己进行收纳的良好生活习惯。

玄关

玄关进门处只有一个翻斗鞋柜，没有收纳柜，这样会出现两个问题：一是回家后钥匙、纸巾、票据、卡片等无处安放；二是往往出门前换好鞋后发现忘了要拿的东西，需要进屋翻找。在玄关处增加一个收纳柜即可解决这些问题。整理师将一个闲置在客厅的小柜子放在玄关。虽然这个柜子比较小，但是有抽屉，可用来收纳拆快递的剪刀、零钱、指甲刀、名片、手电筒等细小物品。柜子下面还可放置口罩、消毒用品、擦鞋用品、雨具等。柜子台面上放一个托盘，摆一束鲜花，可以打造归家时的小小仪式感。

玄关柜物品分类

玄关柜整理后

抽屉整理后

通过一次搬家，做一次彻底的梳理，重建生活的秩序；通过一次搬家，让孩子感受家庭良好的环境，打造一片适合孩子成长的天地。秩序是每个孩子天然的需求，他们对秩序的敏感与生俱来，凌乱的房间培养不出自律的孩子，从现在起给孩子创造一个舒适、整洁、有美感的家吧。

整理师来了

未未

住得舒服，不是房子本身带来的，而是我们用心经营来的

- 留存道北京分院教育合伙人
- IAPO 国际整理师协会北京分会理事
- 资深空间管理师、资深整理收纳师
- IAPO 国际整理师协会认证讲师、留存道认证讲师
- 从业 5 年，整理服务超 300 个家庭，培养整理师超 300 名

未未团队自2019年以来走进300多个家庭，注重帮助客户解决收纳痛点，提升居住品质。未未曾为中央广播电台主编、知名艺人、百万粉丝博主提供整理服务，也为高端楼盘提供储物规划设计方案，并受邀担任知名银行、500强企业的整理讲师。2021年，未未接受新华社采访，畅谈整理师新职业的发展前景。未未一直坚持做有温度的整理，助力客户打造有温度的家。

让儿童房成为孩子成长的摇篮

旧　家	**房屋类型**	三室一厅
	房屋面积	120 平方米
	家庭组成	一家三口（爸爸、妈妈、女儿）
新　家	**房屋类型**	四室两厅
	房屋面积	160 平方米
	家庭组成	一家五口（爸爸、妈妈、女儿、外婆、外公）

客厅整理后

晓晓要从之前的出租屋搬到自己新买的房子里。新家与旧家在同一个小区，搬家相对方便。晓晓的女儿豆豆已经上小学一年级了，需要独立的房间写作业，规划一个独立的儿童房是他们家的第一需求。其他家庭成员也都有自己的生活习惯，想要满足他们各自的生活需求，就需要在合理的空间内做收纳，因此提前打造家庭收纳体系很重要。搬入新家后，每位家庭成员都要遵守进出平衡的原则，共同养成及时归位的好习惯，维护一个秩序井然的家。

入住需求

- 针对人口和物品增加的情况，对储物空间进行优化，让家里每件物品都有合适的收纳位置。
- 提前进行规划，让家中的每个人都能够拥有独立空间。
- 儿童房需要满足孩子小学阶段的生活和学习需求。

解决方法

- 厨房和餐厅是一体的，需要按照使用者的习惯将物品分区放置。
- 将客厅按照每个人的需求划分为两个区域。
- 将阳台划分为两个区域，左边是洗衣晾晒区域，右边是种花草和静坐区域。
- 次卧是两位老人的房间，可以按照老人的生活习惯进行收纳。
- 主卧是晓晓夫妻二人的房间，带有独立衣帽间，可收纳夫妻二人的所有物品。
- 儿童房具有休息区、学习区等多种功能，合理分区，规划到位。

儿童衣柜区

整理儿童衣柜时，家长可以按照以下步骤进行：先将衣柜打扫干净；再将纸箱中分类好的衣服拿出来，将上衣和裤子悬挂起来；再将床品和换季衣服收纳进百纳箱，放在衣柜上层；最后将袜子、内裤等小件物品折叠，分门别类地放进分隔盒，摆放在衣柜抽屉区。

儿童衣柜整理前

儿童衣柜整理后

抽屉整理后

儿童学习区

将孩子不常用的书籍放在书柜上部，常用的书籍放在下部，这样安排符合孩子的身高，方便孩子自己拿取。使用款式相同的收纳筐将文具分类收纳，放在吊柜下面，书桌的最里面。

书桌书柜整理前

书桌书柜整理后

儿童房整理 Tips

1. 儿童衣服按照孩子的穿衣习惯分类、分区悬挂，小件衣物折叠收纳在抽屉里的分隔盒内。
2. 儿童房的书柜和书桌是一体的，可以将不常用的书籍放在上部，常用的书籍放在书柜的展示区。
3. 文具用收纳筐分类收纳，放进书桌最里面，这样可以最大化地利用空间。
4. 玩具尽量集中陈列，便于引导孩子管理好自己的玩具。

通过这次搬家整理，晓晓发现了一些多年未使用的物品，这时她才明白之前的收纳方式不太合理，表示以后再也不囤这些当时认为以后可能会用到的物品。在遇到一些可买可不买的物品时，一定要先想想家里是否已经有替代品，长此以往就会降低购买的欲望。

整理师来了

周栩逸

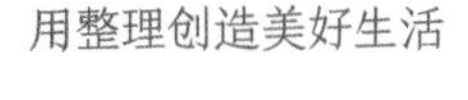

- 留存道南昌分院城市副院长
- IAPO 国际整理师协会南昌分会理事
- 资深空间管理师、资深整理收纳师
- IAPO 国际整理师协会认证讲师、留存道认证讲师
- 曾被江西省多家知名媒体采访报道
- 整理服务超 300 个家庭
- 走进知名企业及学校开展整理收纳分享会 240 场

周栩逸曾经从事的是纸质文件档案整理和建筑规划设计工作，这些工作练就了她专业的整理能力，也由此总结出了自己的整理方式。她认为，整理不仅是整理家庭物品，更是通过整理帮助客户改变一些不好的生活习惯。她希望通过整理让更多人拥有秩序井然的家。

兄妹俩的秩序新生活

旧　家	房屋类型	四室一厅
	房屋面积	100 平方米
	家庭组成	一家四口（爸爸、妈妈、11 岁哥哥、4 岁妹妹）
新　家	房屋类型	三室两厅
	房屋面积	160 平方米
	家庭组成	一家六口（爸爸、妈妈、11 岁哥哥、4 岁妹妹、外婆、外公）

衣服陈列细节

Y 小姐为了改善家里的居住环境，需要重新装修自己的房子，装修期间，一家人临时租住在同小区的房子里。新家装修完再搬回去，Y 小姐想借此机会对新家进行一次全面的整理收纳。

入住需求

- 改变收纳空间没有规划导致家庭成员出现随手乱放物品、重复购买物品以及食品和药品过期的情况。
- 改变两个孩子的衣服、玩具、学习用品等混放在一起而不易找的情况。
- 改变玩具扔得到处都是导致客厅无法正常会客的情况。

解决方法

- 搬家前，对所有物品进行清空分类，把过期的和不再需要的物品淘汰掉。
- 将两个孩子各自的衣服、玩具、学习用品等进行分类，规划属于他们自己的独立空间。
- 新增玩具柜和篮球收纳架，以弥补玩具收纳空间不足的问题。

儿童衣柜区

在原来租住的房子里，兄妹俩的衣服是混放在一个衣柜里的，而且主要以叠放为主，导致每天早上最头疼的事就是找衣服，不仅浪费时间还容易发生争吵。搬到新家后，整理师将兄妹俩的衣服分开放置，收纳在各自卧室的衣柜里，这样可避免很多矛盾。两个孩子的衣服以悬挂的方式收纳，这样所有衣服一目了然，他们可以自己挑选并搭配衣服，不再需要大人帮忙。妹妹的小件衣物可以用折叠的方式存放在抽屉的分隔盒内，并且教会她折叠衣服，培养她的动手能力。哥哥的衣服分类悬挂，每天穿的校服放在最下方，早上直接穿上就可以出门，这样能节约很多时间。

旧家的儿童衣柜

妹妹衣柜整理后

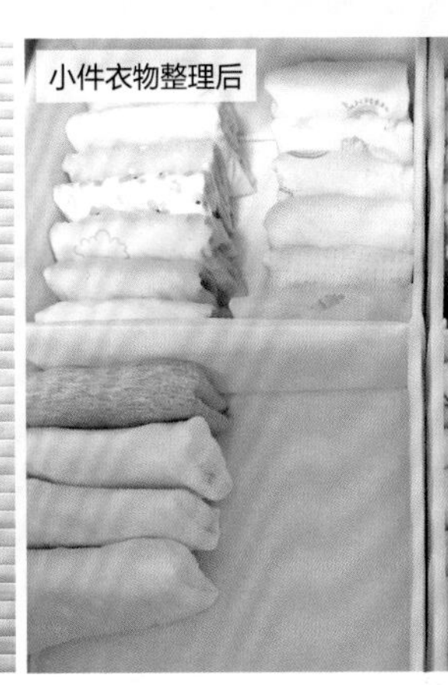
小件衣物整理后

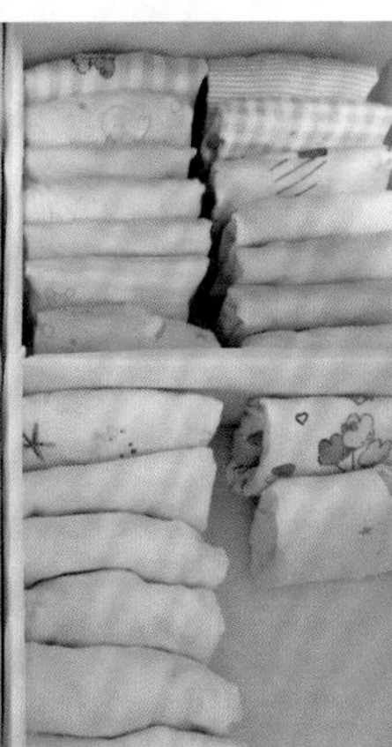

哥哥衣柜整理后

衣柜空间规划及整理 Tips

1. 用儿童植绒衣架将上衣全部悬挂起来，长裤也可以折后悬挂，短裤用裤架悬挂即可。
2. 常穿的衣服如校服可放在下方，符合孩子的身高，方便他们自己拿取。
3. 小件衣物折叠后可采用竖式收纳法摆放在布艺分隔盒内，并放在衣柜层板上方。

学习区

搬家前，哥哥的书房里堆满了杂物。学习资料、课外书籍、药品、水杯、纸巾等各类学习和生活用品全部收纳在书柜里，找东西十分吃力。之所以有这样的问题是因为没有对空间进行合理规划，也没有对物品进行分类分区存放。搬家后，哥哥的学习区变得宽敞明亮，物品清晰有序，易取易复位。

哥哥房间的学习区整理后　书柜整理后

学习区空间规划及整理 Tips

1. 学习区只存放与学习相关的物品，其他物品全部清空。
2. 学习桌的桌面尽量留白，不要放置过多物品。
3. 将书本等物品按照课本、学习辅助资料、作业本及课外读物等进行分类收纳，并使用书立和文件收纳盒对其进行固定收纳。

玩具区

搬家前，玩具堆放在客厅和家里的各个房间，沙发只有一半可以坐人，失去了沙发原来的功能。搬到新家后，整理师规划了一个专门的玩具区，集中收纳所有玩具。

客厅一角的篮球收纳架

玩具区空间规划及整理 Tips

1. 搬家前，将所有玩具筛选一遍，淘汰破损的、有污渍且无法清洗干净的、与孩子年龄不匹配的，只留下完好无损的和孩子喜欢的。
2. 新家在装修时未规划儿童玩具储物空间，可新增一组储物柜做玩具柜，用布艺收纳框分类收纳玩具，并在外面贴上标签，标注清楚玩具的名称，方便寻找。
3. 妹妹的娃娃可独立展示，用亚克力分层置物架陈列。
4. 哥哥的篮球、足球等球类物品可用收纳架收纳，充分利用垂直空间，提高空间利用率。

整理完后，兄妹俩特别喜欢现在的房间，跟妈妈说以后一定会好好维护现在的环境。而且，在进行旧家物品清空分类的过程中，Y小姐发现不知不觉中家里放置了太多物品。这就是整理的意义。通过整理，每个人都可以清晰地知道自己拥有的物品数量，再通过空间规划，用空间控制物品数量，用物品数量控制购买欲望。

玩具陈列

整理师来了

乔小米

整理一个家，链接一个朋友

- 留存道深圳分院运营负责人
- IAPO 国际整理师协会深圳分会理事
- 资深空间管理师、资深整理收纳师
- IAPO 国际整理师协会认证讲师、留存道认证讲师

乔小米于 2018 年进入整理行业，随后创立了留存道深圳分院团队。她带领的团队连续 5 年蝉联留存道年度服务冠军，获得留存道 2020 年“最佳宣传之星”、2021 年“最佳管理运营奖”，是很多企业的合作整理收纳讲师。

高级与实用并存的卫生间

旧　家	**房屋类型**	四室两厅
	房屋面积	250 平方米
	家庭组成	一家四口
新　家	**房屋类型**	五室三厅
	房屋面积	500 平方米
	家庭组成	一家四口

小李的旧家由于物品较多且没有规划，导致居住几年后渐渐地变得凌乱。她希望搬到新家后可以一直保持刚入住时的整洁状态。

卫生间整理后

入住需求

- 新家的空间比较大，要求所有物品的放置区域符合动线，方便拿取。
- 将两个孩子的休息区和学习区、娱乐区完全分开。
- 所有衣物存放得当、一目了然，不用进行换季整理。

解决方法

- 充分考虑不同区域的物品情况，将同类物品分别收纳在不同的区域，以符合拿取动线。
- 儿童卧室设置休息区和衣物收纳区，学习区和娱乐区则安排在其他空间。
- 在空间充足的情况下，将所有衣服分类悬挂，这样可以不用做换季整理。

卫生间

护肤品和洗手液这些每天都需要使用的物品放置在卫生间洗漱台的台面上，再搭配高颜值的托盘或置物架，不仅可以避免台面凌乱，还能提升整个卫生间的形象。

目前，卫生间收纳的除了护肤品囤货和日用品，还有很多美容仪等电子仪器。在收纳这类物品时，最重要的因素是方便，一旦将它们放在不方便拿取的地方，很容易被闲置。整理时，所有常用护肤品和定期使用的美容仪应分类分区收纳在不同的抽屉和开放柜中。

洗漱柜的开放区最容易在使用过程中变乱的，但这个问题可以彻底解决。整理师根据洗漱柜尺寸选择合适的收纳筐，将物品分类放进去，并在每个收纳筐外贴上标签，这样家庭成员在使用的过程中不会轻易将其弄乱，后期维护也比较容易。

洗漱台整理后

临期护肤品收纳在洗漱台下

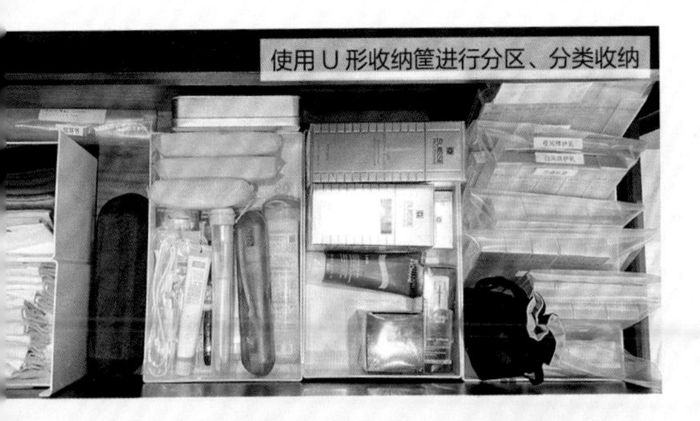
使用 U 形收纳筐进行分区、分类收纳

卫生间外的衣柜收纳家居服和毛巾

卫生间整理 Tips

1. 用收纳筐对物品进行分类收纳并放置在洗漱柜的开放区，以培养家庭成员的归位习惯。
2. 抽屉中可放置尺寸合适的收纳筐，分区分类收纳物品，以免在抽拉抽屉时将物品弄倒，导致越用越乱。
3. 洗漱台面尽量留白，每次用完洗漱用品和护肤品后随手放回原处。
4. 定期检查护肤品的有效期，及时淘汰过期护肤品。
5. 卫生间的空间有限，建议将囤货收纳到其他区域，但一定要贴上标签，定点定位存放，以免时间久了遗忘而导致物品过期或重复购买。

衣柜

新家的主卧和书房中都有衣柜，由于两个房间相邻，可将男士的衣物收纳在书房衣柜，女士的衣物全部安排在主卧衣柜。虽然衣柜是全新的，但内部格局存在部分不合理的地方，整理师将原来的裤架拆掉，安装了与柜体风格一致的衣杆，将所有裤子悬挂起来。

在旧家打包时，可将衣物按照人员和类型分类，并在纸箱外贴上标签。注意，装有不同房间衣物的纸箱外可贴上不同颜色的标签，方便辨识，从而为搬入新家后的整理收纳节省时间。

男士衣柜整理后

男士衣柜抽屉整理后

运动服悬挂

小李是一名瑜伽爱好者，家里有很多运动内衣和瑜伽服，考虑这些衣物的使用频率极高，整理师在衣柜中增加了一根衣杆，特意打造了一个运动服饰区，将运动内衣也悬挂起来，这样每次出门运动时可以很快拿取，节约时间。

衣柜整理 Tips

1. 在空间充足的情况下，将能悬挂的衣服尽量悬挂起来，这样拿取方便、归位容易。
2. 虽然男士衣物大部分被收纳在书房衣柜里，但还是应该在主卧衣柜留一个收纳其家居服和小件贴身衣物的区域，这样能减少动线。
3. 包柜若没有柜门，则需要先将包用防尘袋包起来再收纳进包柜。

我们总是希望新的环境可以带给我们新的生活，但如何达到这个目的则需要我们认真思考。完善的收纳体系可以为入住新家的生活打好基础，每一件物品都有属于自己的位置是创造一个干净整洁的家的前提，在这样的环境中生活可以让人心情愉悦。

整理师来了

小水

整洁有序的环境会
带给人愉悦的心情

- 留存道宁波分院波波团队运营负责人
- IAPO 国际整理师协会宁波分会理事
- 资深空间管理师、资深整理收纳师
- IAPO 国际整理师协会认证讲师、留存道认证讲师
- 受邀为企业、银行、政府、商户及学校开展线下高端整理收纳沙龙
- 整理服务面积超 50 000 平方米

小水与波波共同创立了留存道宁波 MJ 团队，她们一起带领一群宝妈在家庭之外找到属于自己的价值。小水毕业于英国伦敦艺术学院，在大学期间就对家庭收纳产生了浓厚的兴趣，其间有几项设计是根据整理收纳展开的，毕业作品被学校购买并收藏。

解决储物间的收纳难题

旧　家	**房屋类型**	三室两厅
	房屋面积	200 平方米
	家庭组成	一家四口（爸爸、妈妈、10 岁哥哥、2 岁弟弟）
新　家	**房屋类型**	四室两厅
	房屋面积	400 平方米
	家庭组成	一家四口（爸爸、妈妈、10 岁哥哥、2 岁弟弟）

杨姐注重家人之间的互动，也喜欢营造温馨的家庭氛围，家里时刻充满着幸福的感觉。但是她买的这套房子之前的房主在装修时欠缺收纳方面的考虑，导致杨姐对空间功能的一些需求受装修设计的限制而无法完全实现，再加上搬家比较匆忙，很多物品堆积在一起，整理难度很大。

入住需求

- 储物间的所有物品都需要做到易拿取、易复位。
- 衣物收纳空间不够，可将其中一间储物间规划为衣帽间。
- 未来的一些生活用品和食物囤货应有合适的储存空间。

解决方法

- 重新对储物空间进行规划，尽量最大化地利用墙面空间。
- 对物品进行分类，实现集中管理。
- 合理利用现有收纳架，结合收纳工具，打造清晰可见、动线流畅、整齐有序的储物间。

空间规划及改造

储物间的改造难点在于大件物品太多，不仅有两台电视机，还有很多茶叶、酒、药材，但是储物间仅有 6 平方米，若没有秩序地摆放这些物品，则整个空间会非常凌乱，找东西十分费劲。改造时，整理师既要考虑所有闲置物品的存放位置，还要打造一个流畅的拿取动线。

储物间整理前

储物间整理

首先，将所有物品移出去，重新进行规划。

其次，利用现有货架，打造一个U形储物间，最大化地利用墙面空间。根据测量结果，将两台电视机分别放置在靠窗和右侧靠墙的位置。

再次，合理摆放货架。

最后，陈列物品。将储物间分为茶酒区、药材区、生活用品囤货区、食物储存区和户外用品收纳区。

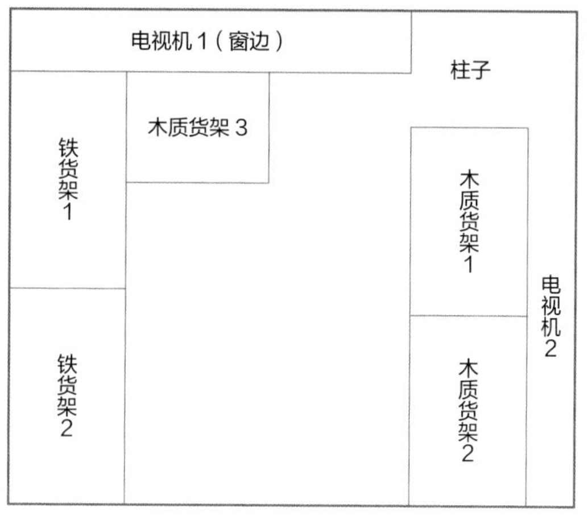

货架摆放示意图

储物间整理 Tips

1. 若储物间是U形和E形，则可以最大化地利用墙面空间进行收纳。
2. 选择可调节层高的货架，这样可随时根据物品高度进行调节，有效地利用空间。
3. 收纳框选择颜色相同、款式简单的，看起来整洁很多。

杨姐说，整理的过程是一个疗愈内心的过程，看着现在舒适整洁的储物间，再也没有糟心的感觉，反而多了一份宁静。她还自创“空间管理物品法”，将所有物品用收纳盒分装，并且和家人约定以后不要轻易购买这些物品，待收纳盒空了再补充。一个合理的整理收纳系统可以让使用者在良好的环境里感受到合理整理收纳的美好，进而改变自己的生活方式。

整理师来了

巫小敏

杭州一米，为你整好每一米

- 留存道杭州分院运营负责人
- IAPO 国际整理师协会杭州分会理事
- 资深空间管理师、资深整理收纳师
- IAPO 国际整理师协会认证讲师、留存道认证讲师
- 整理服务面积超 20 000 平方米

巫小敏于 2020 年成为职业整理师，曾任杭州新职业技能大赛（整理收纳）、杭州家政服务员市赛（整理收纳）裁判，也曾受邀为企业、学校等做整理收纳方面的演讲。她带领的团队于 2021 年被留存道授予“网红博主御用团队”“全国最具商业价值团队”的荣誉。

宠物的精致生活

旧　家	房屋类型	三室两厅
	房屋面积	130 平方米
	家庭组成	单身
新　家	房屋类型	六室三厅
	房屋面积	160 平方米
	家庭组成	单身

宠物衣物悬挂

小颖一直是一个人独居，她通过自己的努力买了一栋联排别墅。别墅由开发商精装交付，但是由于进度出现了问题，于是延期一年交付使用。小颖目前租住的房子已经到期，跟房东商量了好几次才延期了一段时间，但目前房东急需用房，小颖需要在短时间内搬家。然而小颖的新家没有完全达到入住条件：橱柜未安装完毕，家具未到位，电梯未验收完成。面对这样的情况，整理师运用他们的专业知识，经过充分的前期准备，让小颖和她的宠物狗狗们体验了一次精致且舒心的搬家。

入住需求

- 三层主卧的居住条件已经成熟，需要拎包入住。
- 宠物用品需要有独立的存放区域。

解决方法

- 整理收纳的顺序是先主卧用品再宠物用品，其余待家具到位后再进行。
- 先将宠物用品储物区的整理收纳完成，待设备到齐后再进行宠物活动空间的整理收纳。

地下一层是一个比较小的暗间可归为宠物用品储物区。这个房间离宠物的活动空间比较近，而且面积合适，正好可以安置收纳柜体。

1. 柜体的使用：可旧物利用，将原先准备丢弃的几组柜子搬到新家，作为宠物用品的收纳柜。再新增一组置物架，收纳柜子内放不下的物品。

2. 柜体的改造：将宽80厘米、深28厘米的书柜作为宠物衣服的悬挂区。将书柜的层板全部拆掉，分隔成上下两个空间，每个空间加3根挂衣杆，形成6个宠物挂衣区。将所有衣服分类，按照颜色搭配原则悬挂起来，共悬挂近220件宠物衣服。

宠物衣物整理后

宠物衣物整理细节

3. 收纳盒的使用：很多宠物衣服不适合悬挂，这时需要用收纳盒进行分类收纳。由于柜门用透明玻璃制作而成，因此使用透明收纳盒比较合适，可将剩余的宠物衣服收进旁边的窄柜内。柜子内预留一部分空间存放以后可能会购买的宠物用品。

收纳盒收纳

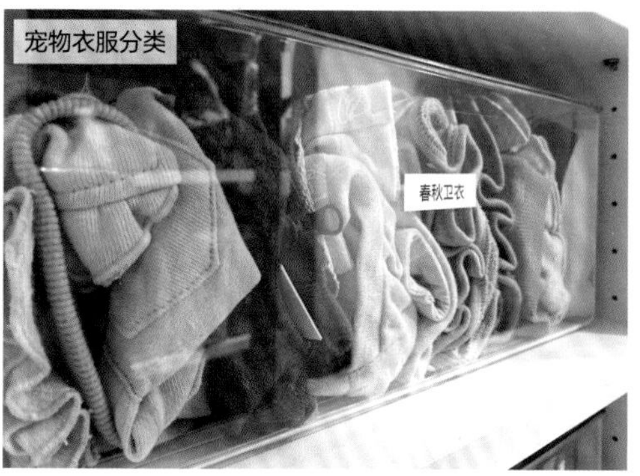

宠物衣服分类

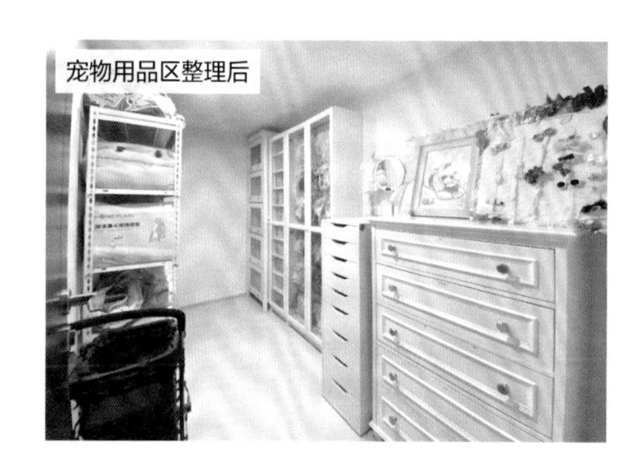
宠物用品区整理后

4. 新增置物架：那些体型比较大且形状不规则的宠物用品，如狗狗的各种窝及垫子、出门包、食物囤货等，放置在柜子内不方便拿取，可组装一个 40 厘米宽的置物架，将这些用品分类陈列在上面，这样主人能清楚地看到所有物品，需要用的时候直接选取即可，方便拿取和归位。

5. 小件物品的收纳：将原本要弃用的两个首饰抽屉柜放在宠物储物区，用抽屉分隔盒分类放置宠物的小物品，如发夹、头绳、领结、牵引绳、美容工具等。

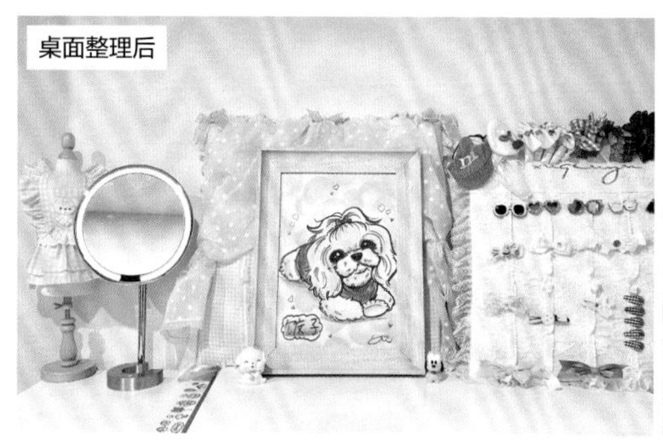
桌面整理后

小件物品收纳

宠物特写

搬家整理完成后，小颖说，之前完全没有想到整理收纳可以做到这么极致。衣服全部用悬挂的方式陈列，让她可以一目了然地看到并挑选出来，再也不用东翻西找。家里的所有物品都有固定的位置，归位方便。当家变得井井有条时，回家便成了一件幸福的事。

整理师来了

郑小刚

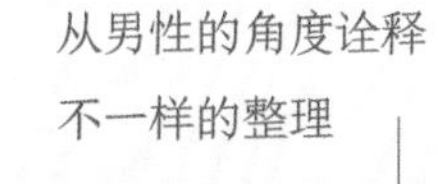
从男性的角度诠释
不一样的整理

- 留存道宁波分院教育合伙人
- IAPO 国际整理师协会宁波分会理事
- 资深空间管理师、资深整理收纳师
- IAPO 国际整理师协会认证讲师、留存道认证讲师
- 湖南卫视《空间大作战》节目特邀嘉宾

郑小刚拥有十年大型公司管理经验，转型为整理师后，曾为多位明星、达人以及宁波知名企业家提供私人定制的整理收纳服务。他拥有丰富的上门整理经验，擅长空间布局规划、改造，以及护肤品、潮品、奢侈品的整理收纳。

每一座城市都有其独特的味道，这是居住在这里的人习惯的味道，是初来乍到的人好奇的味道，是离开的人留恋的味道，这些味道一起汇聚成一座城市独特的味道。

与同城搬家相比，跨城搬家面临的问题更多。搬家已经是一件让人头疼的事情，跨城搬家更令人崩溃，不仅距离远，涉及的事情还多。如何选择搬家公司，需要采购哪些打包材料、贵重物品如何搬运等，都比同城搬家更难，但只要提前规划好，这些问题都可以轻松得到解决。

搬家打包物料清单

序号	物品清单	建议规格	数量	单位
1	剪刀	通用	2	把
2	小刀	小号	2	把
3	记号笔	黑色、红色、蓝色的粗头笔	3	支
4	美纹纸	白色，宽度 36 毫米	1	卷
5	胶带	大卷封箱胶带	5	个
6	大号塑料袋	白色（120 厘米 × 100 厘米）	3	包
		蓝色（120 厘米 × 100 厘米）	1	包
7	纸箱	大号（80 厘米 ×50 厘米 ×50 厘米）	20	个
		中号（60 厘米 ×40 厘米 ×50 厘米）	30	个
		小号（50 厘米 ×40 厘米 ×40 厘米）	20	个
8	密封袋	大号（12 丝 35 厘米 ×45 厘米）	1	包
		中号（12 丝 18 厘米 ×25 厘米）	1	包
		小号（12 丝 8 厘米 ×12 厘米）	1	包
9	气柱	高 35 厘米，1 卷 50 米	1	卷
10	充气筒	通用	1	个
11	气泡卷	宽 40 厘米，长 80 米	1	卷
12	珍珠棉	厚 3 毫米，宽 50 厘米，长约 50 米	1	卷
13	商用保鲜膜	宽 45 厘米，长 200 米	1	卷
14	雪梨纸	重 20 克，200 张	1	份
15	易碎标签贴	10 厘米 ×10 厘米	1	份
16	向上放置标签贴	10 厘米 ×10 厘米	1	份

CHAPTER 5

第五章

跨城搬家也轻松

变小一半的家也很舒适

守护孩子的梦想

企业搬家不费力

变小一半的家也很舒适

旧　家

房屋类型	六室四厅
房屋面积	600 平方米
家庭组成	一家五口（爸爸、妈妈、大哥、二哥、三弟）

新　家

房屋类型	三室两厅
房屋面积	240 平方米
家庭组成	一家五口（爸爸、妈妈、大哥、二哥、三弟）

客厅整理后

Jennifer 是一位大学老师，她的先生是大学教授，他们有三个可爱的儿子。因为老大 Lucas 考上了上海的学校，所以他们决定举家搬往上海。新家的使用面积比现在的住房面积小了一半多，但空间充足，南北通透。Jennifer 非常满意这个房子，但令她头疼的是跨城搬家。

入住需求

- 保留大部分家具，合理规划家具的位置。
- 面积变小，储物空间减少，应合理安排日用品囤货区。
- 三个孩子需要有各自的游戏区，并且需要安排一个乐器练习区。
- 房间有限，但需要给爸爸安排一个安静的办公区。
- 一家五口的鞋很多，但鞋柜较少，需要对其进行合理安排。

解决方法

- 将同一风格的家具摆放在一起，餐厅的两个餐边柜保留，大书桌放在主卧作为爸爸的办公桌，书架挪到大哥的卧室。
- 负一层起居室和迷你储物间新增柜子，同时利用立面空间扩容储物区。
- 一层客厅是全家的活动区，可将游戏区设置在一层，而负一层起居室设置乐器练习区。
- 将爸爸的办公区设置成流动的，白天孩子上学时，爸爸可以在大哥卧室办公，晚上则可将办公设备带回主卧办公。
- 二层通往屋顶的楼梯转角处新增两组鞋柜，专门收纳换季鞋。

负一层起居室

负一层起居室可规划为两个区，一个是乐器练习区，另一个是储物区。整理师在靠墙一侧新增两组书柜，加上原先房东留下来的开放柜和塑料收纳盒，完全能够解决家里所有囤货的收纳难题。

起居室整理前

起居室整理后

囤货打包和整理 Tips

1. 物品按照类型分类，用适合新房柜子的收纳盒进行同类物品的细分收纳打包，这样搬入新家后能够快速复位。
2. 收纳盒用 50 厘米宽的缠绕膜包裹，防止里面的物品在搬运过程中滑落。
3. 打包时应检查物品日期，将过期的淘汰掉。
4. 囤货类物品尽量集中放置在同一区域，若需要分两个区域放置，则分开收纳的物品的类型要明确，比如纸巾类物品可放置在单独开辟的区域内。
5. 囤货类物品和正在使用的物品分开打包，打包时应做物品收纳的区域定位。

鞋的打包

鞋面若被挤压则容易变形，而且鞋底通常不太干净，最好单只独立打包。打包时先按照人员分类，如爸爸的、妈妈的和三个孩子的；再按照鞋的类型分类，如运动鞋、板鞋、皮鞋、靴子等。

装箱前，用雪梨纸包裹好鞋，并用缠绕膜固定。装箱时，将两只鞋的鞋面对向侧放，以防挤压变形。

鞋的打包物料

- 雪梨纸
- 5 厘米宽的 PE 缠绕膜
- 70 厘米 × 50 厘米 × 50 厘米的纸箱

鞋的整理

鞋的打包

玩具车和家具的打包

玩具车用珍珠棉和缠绕膜包裹，防止搬运过程中出现磕碰的情况。家具同样先用珍珠棉包裹，再用宽一些的缠绕膜包裹保护。打包完后贴上物品清单标签，逐一编号，防止搬运过程中遗漏。

家具打包物料

- 珍珠棉（选择宽度适宜的，不要太宽，否则不方便操作）
- 美工刀
- 5 厘米宽和 50 厘米宽的 PE 缠绕膜
- 物品清单贴纸

玩具打包

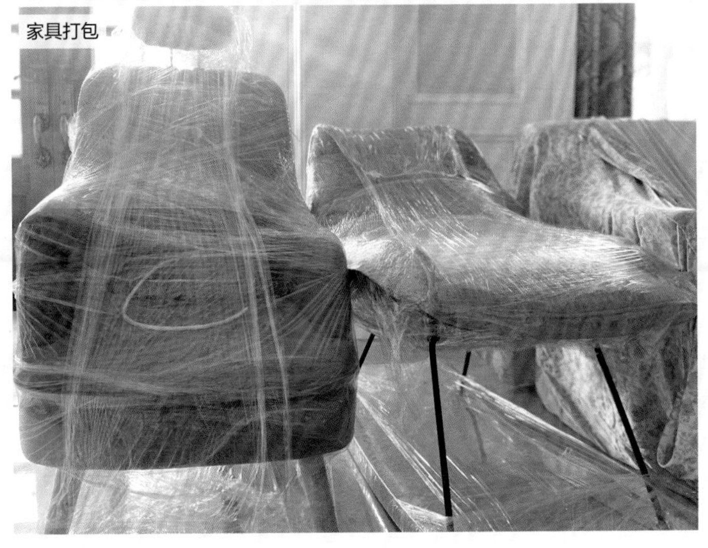
家具打包

新家一角

Jennifer 说，没想到跨城搬家也能实现拎包入住。虽然新家没有以前的大，但是整理结束后，她发现并没有想象的那么拥挤，反而有一种清爽舒适的感觉。

整理师来了

凌子

家是人生道场，收纳整理亦是修行

- 留存道金华分院城市副院长
- IAPO 国际整理师协会金华分会理事
- 资深空间管理师、资深整理收纳师
- IAPO 国际整理师协会认证讲师、留存道认证讲师
- 永康妇联、永康爱心公益协会签约讲师
- 整理服务超 100 个家庭，整理服务面积超 20 000 平方米，经手的物品价值超 100 000 000 元

凌子为了解决自家收纳空间的问题，于 2017 年进入留存道学习整理，从此开启了职业整理师的生涯。其间，她结合自身所学的室内设计知识，从装修前期便进行收纳空间的规划，为客户打造人、空间和物品三者平衡的家。

守护孩子的梦想

旧　家　房屋类型　三室两厅
房屋面积　140 平方米
家庭组成　一家五口（爸爸、妈妈、哥哥、弟弟、奶奶）

新　家　房屋类型　三室两厅
房屋面积　130 平方米
家庭组成　一家四口（爸爸、妈妈、哥哥、弟弟）

佳姐是个知性妈妈，为了给孩子创造更舒适的学习和生活条件，她与先生一致决定举家搬迁至海南。但这次跨城搬家打包对他们来说太难了。

乐高摆件

入住需求

- 将乐高配件完整打包，防止搬运途中丢失，并且保证乐高成套作品的完整性。
- 儿童书籍要分类明确，方便孩子自己拿取。
- 充分考虑跨城运输的时长，注意打包的持续性和耐久性。

解决方法

- 将乐高配件按照小块、大块和成品进行分类并采取不同的打包方式。
- 散装乐高配件按照大小、颜色或者组装套系分别装进乐高零件收纳盒装箱。
- 组装好的乐高成品用保鲜膜缠绕并固定好，长度过长的乐高可拆下一部分，另行包裹，但注意将此组配件与乐高主体一同打包在一个纸箱里，避免丢失。

乐高打包

乐高配件按照大小和颜色分类，装进乐高零件收纳盒，用保鲜膜缠绕防止划伤。

乐高成品可按照以下步骤打包。首先，将组装好的乐高成品用保鲜膜缠绕并固定主体，若形状不规则不易包裹，则可以将形状不规则的部分拆下，单独包裹。注意，保鲜膜尽量缠绕得紧一些，这样可以保证不掉件、不变形。其次，为了避免乐高成品在搬运过程中散落，可用塑料泡膜封装，置于纸箱内。再次，把乐高成品里的人物、动物、装饰等不规则的或者容易掉落的配件单独装在透明密封袋里，以免丢失。最后，将乐高装箱，按照顺序摆放。

切记，装箱时不要将乐高塞得太满，并且在箱子的上下层都铺上塑料泡膜以防磕碰。用这样的方式打包乐高可将其安全送达新家，并且很快就能复位。

乐高配件分类

乐高配件收纳

乐高成品打包

气泡膜包裹

气泡膜裁切

乐高打包物料

- 拉伸膜（保鲜膜）
- 气泡膜
- 乐高零件收纳盒
- 胶带
- 剪刀
- 马克笔
- 纸箱或收纳箱

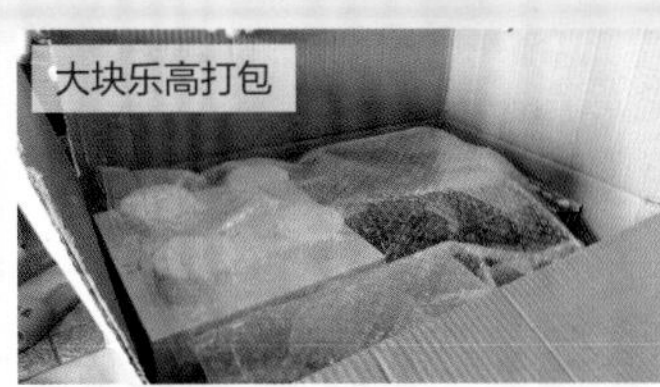

大块乐高打包

乐高成品陈列

儿童书籍打包

两个孩子的书籍按照年龄段和类型进行细分打包，在纸箱外贴上标签，搬到新家后直接陈列在书架上，可减少很多工作量。

书籍打包

书籍打包 Tips

- 书籍可按照使用者和类别分类打包。
- 成套书籍尽量不要分开打包。
- 体积较大的书籍可单独打包。
- 珍藏类书籍先用塑料泡膜包裹 1~2 层再装箱，这样能起到防潮防震的作用。
- 书籍比较重，尽量用小号纸箱装箱，方便搬运，最佳尺寸为 50 厘米 ×33 厘米 ×33 厘米。

在搬家的过程中，父母应该尽量守护孩子的梦想，让这些包裹带着父母对孩子的爱安全抵达新家。

整理师来了

于芳俪　张俪匀

用有效的时间，整理美好的生活

- 留存道北京分院城市院长
- IAPO 国际整理师协会常务理事
- 资深空间管理师、资深整理收纳师
- IAPO 国际整理师协会认证讲师、留存道认证讲师
- 北京市西城区关爱儿童共建单位特聘合作讲师
- 知名博主御用整理顾问
- 整理服务面积超 100 000 平方米，培养职业整理收纳师超 300 名

留存道北京芳俪和俪匀团队成立于2018年。团队走入上千个家庭，客户包括明星、政界人士、博主、商业大咖和普通人士。她们为每一位客户打造有效的整理逻辑系统，秉承留存道改变一代中国家庭的生活方式，为客户传递一种不将就的生活态度。

企业搬家不费力

旧　家	**房屋类型**	仓库及工作室
	房屋面积	90 平方米
	家庭组成	娃娃设计师 3 人
新　家	**房屋类型**	仓库及工作室
	房屋面积	60 平方米
	家庭组成	娃娃设计师 3 人

玲姐的娃娃工坊里有数不清的物品，从大件机器、五颜六色的布料到小小的配件、精致的娃娃成品，应有尽有。玲姐因个人原因需要将娃娃工坊从厦门搬到广州，但物品太多，搬运和归位难度都很大。如何能够快速恢复生产，节约时间成本，是玲姐迫切想解决的问题。

精致的储存柜

入住需求

- 原料、配件等物品的整理收纳以拿取便利为原则。
- 娃娃工坊需要尽快恢复生产。
- 跨城运输不便，一定要注意生产机器、摄影器材等高价、易碎物品的打包，确保它们完整无损地运送到目的地。

解决方法

- 将近期需加工、售卖的物品分类打包，这样到达目的地后可尽快拆箱，恢复生产。
- 布料、线料等按照材质、颜色、花色分类，零件按照种类、使用频率和操作顺序分类。
- 细小物品、配件等详细分类后用透明抽屉盒存放。
- 生产机器、易碎物品等装箱时，用气泡垫、泡沫块等缓冲材料包裹。

布料、线料等物品的打包

● 将布料先按照尺寸和颜色分类，再用密封袋收纳，这样既能提高布料的防护性能，又能防霉、防蛀等，保证其使用寿命。

● 将布料折叠后分类放入抽屉，便于拿取。

● 将线料按照尺寸和颜色分类陈列在洞洞板上。

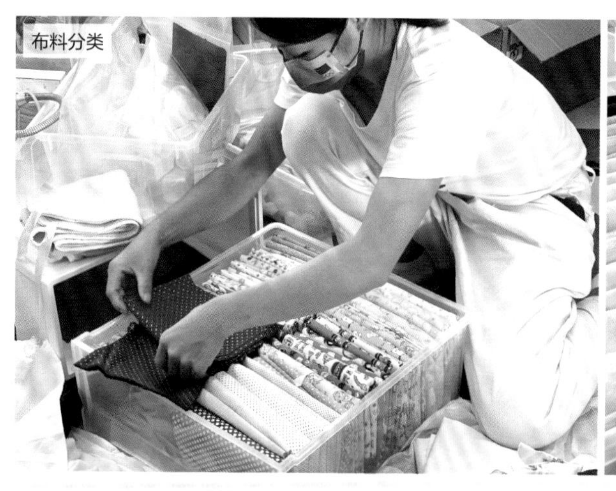
布料分类

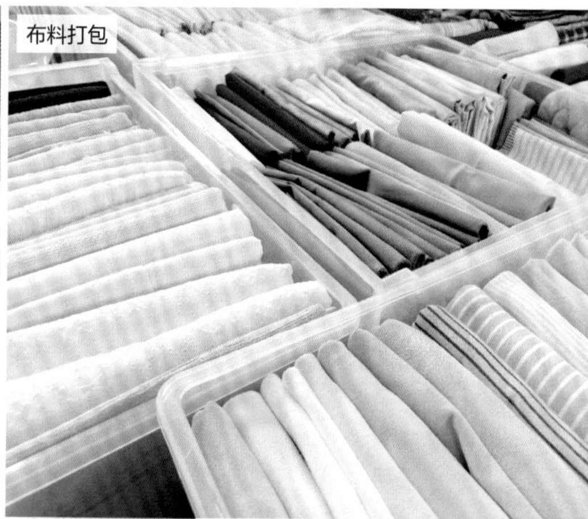
布料打包

娃娃服饰、配件等物品的打包

● 将娃娃服饰先按照尺寸和颜色分类，再用密封袋收纳，以提高其防护性能。

● 将娃娃鞋先按照款式分类，再用透明收纳筐收纳，将其直观地呈现出来，方便拿取。

库房整理前

库房整理后

将需要搬运的物品分类整理后直接装箱，并在纸箱外贴上标签，这样搬运到新工作室后可直接拆箱并迅速归位，尽快恢复生产。

分类装好的物品

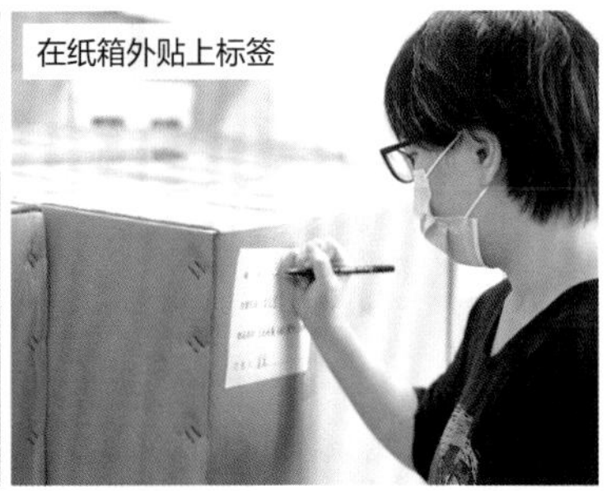

在纸箱外贴上标签

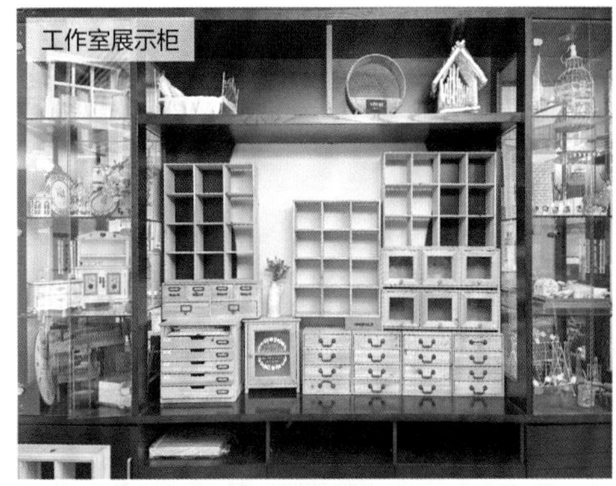

工作室展示柜

工作室展示架

企业的搬家整理对整理师的要求更高，整理师需要提前熟悉企业的生产流程和每个环节需要用的设备和物料，然后严格按照进货、设计、生产、销售等流程对物品进行细致分类、打包及复位。虽然这次企业搬家整理过程很复杂，但仅用一周时间便恢复了生产，无形中为企业节省了大量成本。

整理师来了

桂华

收纳可以让幸福的日子近在咫尺

- 留存道厦门分院教育合伙人
- IAPO 国际整理师协会厦门分会理事
- 资深空间管理师、资深整理收纳师
- 世界 500 强企业特邀讲师
- IAPO 国际整理师协会认证讲师、留存道认证师

桂华于2019年进入整理行业，之后创立了留存道厦门桂华团队，打造了一支行事高效、服务周到的实战派整理师团队。她是世界500强企业、政府机构、事业单位的特邀讲师，拥有丰富的一线整理服务经验。她整理服务超100个家庭，整理服务面积超10 000平方米，经过线上和线下课程分享影响人员超10 000人。

后记

将幸福搬进你的家

搬家就像结绳记事，记录着每个人的重要时刻。

你还记得上一次是因为什么而搬家的吗?

大学毕业找到工作，搬家；合租室友不好相处，搬家；终于存够首付买了房，搬家；小两居换大三居，搬家；工作调动，搬家；为了孩子上学方便，搬家……

也有一部分人搬家就是为了体验不同的生活方式。

每个人的每一次搬家都是一段精彩的故事。

我人生中的第一次“搬家”发生在18岁，从老家去大学读书。当时，我的行李简单得不能再简单，几本书、几本相册、几件衣服就是全部身家。带着一个拉杆箱，我坐了24小时的绿皮火车完成了这次迁徙。在路上，我的眼泪止不住地流，第一次告别家乡，告别父母，心中难免惆怅。

我的第二次搬家发生在大学毕业，从大学所在的城市搬到工作要去的城市。从象牙塔迈入社会，这是一次重要的成长，我恨不得一夜之间摆脱学生的稚嫩。我将能卖的物品都卖了，能送的都送了，四年的时光浓缩成几本证书、几件旧衣、一个行李箱。最后看一眼寝室和校园，我哭得稀里哗啦。

搬家教会了我人生中重要的一课，成长有代价，相聚终有时，有舍才有得。

那时候搬家没有太多物品，却有浓度很高的情感，可比起美好的未来，急着长大的自己还来不及品味不舍的苦涩，就迫不及待地开启了新的生活。

婚房是我和爱人买的第一套房，它饱含我们对生活的美好期许，于是我们做了很多攻略，尽可能以最省钱的方式实现最理想的模样。就是这个打算住一辈子的房子，在孩子出生的第三年让我感到了不适。随着孩子的出生，家里需要增加很多功能，需要更多的储物空间。但家里到处都是物品，即便花了很长时间收拾但很快就乱了。我将有限的时间花在维护房屋的整齐有序上，为此，我很苦恼。

我们决定卖掉它，这启动了我们的搬家计划。

这次搬家教会了我一件事，没有永远，只有当下。每一天都是不断的拥有，与此对应的是不断的舍弃。我对“永远”有了新的理解，不要限制自己，永远相信生命的无限可能。

我把想要的带走，不喜欢的留下。我锁上门，与这些年的慌乱正式告别。我要去迎接下一个阶段的自己。

每一次搬家整理都是对未来生活的一次构建。无论是出租房的单身生活，还是搬入新家后的婚后生活，都充满了希望。

从这次搬家开始，我成为一名职业整理师。从业以来，我帮助过很多人做搬家整理，有从 38 平方米的房子搬进 138 平方米的，有从大平层搬进别墅的。在一次次帮助他人搬家的过程中，我参与了不同年龄、不同籍贯、居住在城市不同角落的人们的搬家过程，也看到了每个人的精彩生活。现在我最大的幸福与快乐就是为更多的人提供更合适的搬家整理方案，让需要搬家的人尽快拥抱新生活。

这本书是 40 个职业整理师的亲历案例，我们将多年的搬家经验总结成省心省力省时的步骤和方法。让我们一起把搬家简单化，让每个人都能搬进心目中的幸福家。

留存道杭州分院

巫小敏

附录 新家收纳用品清单

空间	物品图示	物品名称	规格（单位：厘米）
衣柜整理		干湿两用成人植绒衣架（米色）	42
		干湿两用儿童植绒衣架（大童 米色）	35
		实木裤夹	32
		环保百纳箱（大号 咖色）	66 升 50×40×33
		纸质分隔盒（大）	22×17×8.5
		纸质分隔盒（中）	22×8.5×8.5
		帽夹	单个
橱柜整理		手提收纳筐（大）	36.5×26×24
		手提收纳筐（中）	36.5×26×16
		手提收纳筐（小）	26×18×16
		斜口收纳筐（宽）	29.5×14.5×17.5
		斜口收纳筐（窄）	29.5×9×17.5
		直角收纳盒	28×14×15
抽屉整理		抽屉分隔盒（大）	30×10×6
		抽屉分隔盒（中）	20×10×6
		抽屉分隔盒（小）	10×10×6
书柜整理		U形透明手提书本收纳筐	29×20×15
镜柜整理		镜柜收纳盒	16.4×8.5×12
玩具整理		布艺玩具收纳筐（小号 彩色）	27×18×17